MAUPERTUIS

REDE

ZUR

FEIER DES GEBURTSTAGES FRIEDRICH'S II.
UND DES GEBURTSTAGES SEINER MAJESTÄT
DES KAISERS UND KÖNIGS
IN DER AKADEMIE DER WISSENSCHAFTEN ZU BERLIN

AM 28. JANUAR 1892

GEHALTEN

VON

EMIL DU BOIS-REYMOND

LEIPZIG

VERLAG VON VEIT & COMP.

1893

MAUPERTUIS

Auf der Torneå-Elv, 28. December 1736.

MAUPERTUIS

REDE

ZUR

FEIER DES GEBURTSTAGES FRIEDRICH'S II.
UND DES GEBURTSTAGES SEINER MAJESTÄT
DES KAISERS UND KÖNIGS

IN DER AKADEMIE DER WISSENSCHAFTEN ZU BERLIN

AM 28. JANUAR 1892

GEHALTEN

VON

EMIL DU BOIS-REYMOND

LEIPZIG
VERLAG VON VEIT & COMP.
1893

Jeune et vaillant héros, dont la haute sagesse
N'est point le fruit tardif d'une lente vieillesse,
Et qui seul, sans ministre, à l'exemple des dieux,
Soutiens tout par toi-même, et vois tout par tes yeux,
Grand Roy ....

mit diesen Versen, deren Klangfülle stets für einen Gipfel französischer Kunstpoësie galt, redete 1664 Boileau den jugendlichen Sonnenkönig an, den *Roy-soleil,* wie seine Bewunderer ihn später nannten. So vergöttert wurde in Frankreich der Monarch, der fast noch als Knabe sein Parlament mit Füssen trat; dessen Grössenwahn in dem: „*l'État c'est moi*“ sich verkörperte; dessen Ehrgeiz und Eroberungsgier eine fast ununterbrochene Reihe von Raub- und Cabinets-Kriegen entzündeten; dessen Marschälle die Pfalz verbrannten; dessen persönliche Heldenthat sich darauf beschränkte, dass er mit seiner Heeresmacht einer Handvoll Feinde gegenüber einen schmalen und seichten Rheinarm überschritt; dessen Baulust, Prunksucht und verschwenderische Hofhaltung die Finanzen des reichsten Landes Europa's auf ein Jahrhundert hin zerrütteten; der die Maîtressenwirthschaft auf dem Throne zu einer französischen Staatsinstitution machte; der von einem listigen Weibe gegängelt das Werk Heinrich's IV. vernichtete, und das Richelieu's vollendete, indem er die Reform unterdrückte und den besten Theil seiner Unterthanen ihres Glaubens wegen ruchlos verfolgte und aus der Heimath vertrieb; endlich dessen Rechtspflege darin bestand, dass er gegen neuntausend *Lettres de cachet* ausgab. Insofern seine fünfundfünfzigjährige Missregierung den Grund zur Revolution legte und er in seiner äusseren Politik als gekrönter Chauvinist sich geberdete, kann man sagen, dass sein verderblicher Geist es ist, welcher noch heute Europa nicht zur Ruhe kommen lässt, und es rechtfertigt sich RANKE's weltgeschichtliche Antwort auf THIERS' Frage, gegen wen wir denn nach Sedan noch Krieg führten: »Gegen LUDWIG XIV.«.

Welch einen Gegensatz zu ihm und zu seinen kläglichen Nachfolgern bietet die Reihe der Hohenzollernfürsten, die Preussen aufgebaut und Deutschland wieder aufgerichtet haben: jener grosse Churfürst, der mit seinem armseligen Brandenburg-Preussen dem übermächtigen LUDWIG kühn die Stirn bot, und die Hugenotten zu sich einlud; dessen Reiterstandbild, das Meisterwerk unseres märkischen MICHELANGELO's, nur darin fehlt, dass es ihn einseitig als sieghaften Feldherrn über gefesselte Gefangene triumphirend auffasst, ohne der milden Hoheit seines Charakters, der Weite seines staatsmännischen Blickes gerecht werden zu können; sein Sohn dann, jener erste König von Preussen, der, angesteckt von dem damals durch LUDWIG's Beispiel allerwärts verbreiteten Streben nach äusserem Glanz, schliesslich doch den Rang behauptete, zu welchem er sich zu erheben gewusst hatte, und dieser Akademie erster Stifter ward; wiederum sein Sohn, jener rauhe Soldat, dem freilich die Grazien allzufern geblieben waren, der aber durch strenge Ordnungsliebe und bürgerliche Wirthschaftlichkeit dem Preussischen Staatswesen sein Gepräge verlieh, und der, ohne davon Gebrauch zu machen, das Schwert schmiedete, welches seinem grossen Sohne, dessen hundertundachtzigsten Geburtstag wir heute feiern, die Erreichung seiner hohen Ziele ermöglichte; endlich dieser selber, der nie zuviel Gepriesene, der zwar, wie er mit grossartigem Freimuth eingesteht, aus jugendlichem Uebermuth seinen ersten Krieg begann, aber nachdem er in einem Kampf auf Leben und Tod den vereinten festländischen Mächten getrotzt, ein Vierteljahrhundert lang auf seinen Lorbeern ruhend ein Friedensfürst ohne Gleichen ward; er, der dem: „*l'État c'est moi*" das Wort entgegenstellte: „Der König ist der erste Diener des Staates"; der keiner anderen Ungerechtigkeit sich schuldig machte, als einst in der Meinung, fahrlässige Rechtsprechung zu ahnden; der aus Respect vor den Berliner Richtern dem Müller von Sans-Souci die Mühle stehen liess, und in dessen Landen jeder nach seiner Façon selig werden durfte.

Aber könnte es nöthig sein, diesen Vergleich weiter auszuführen? Genügt nicht der Name Kaiser WILHELM's I., um vor eines Jeden innerem Auge das noch kaum verblasste Bild des dritten grossen Hohenzollern neu zu beleben, in welchem die erblichen Tugenden seines Stammes den verdienten Lohn, den Siegespreis der Deutschen Kaiserkrone erhielten? Bedarf es mehr, um über ein uns mit stets erneuter Trauer ergreifendes Geschick hinweg unseren Blick zu lenken auf die andere Bedeutung des heutigen Tages, auf die Geburtstagsfeier seines erhabenen Enkels, unter dessen machtvollem Schutze wir der Segnungen des Weltfriedens uns erfreuen, während er nach

Innen mit rastloser Energie seine werkthätige Fürsorge bis in's Kleinste der Wohlfahrt seiner Völker zugewandt hält?

Beim ersten Blick ist schwer zu verstehen, wie LUDWIG XIV., trotz seinen Fehlern, im Andenken der Franzosen bis heute einen so hohen Rang hat behaupten können. Die Vermuthung liegt nicht fern, dass er, als Chauvinist auf dem Throne, im Stillen doch ein Mann nach dem Herzen vieler Franzosen war und blieb. Aber bei VOLTAIRE ist sonst von dem heute als Chauvinismus gebrandmarkten verkehrten Nationalgefühl keine Spur, und als Vorkämpfer für Gewissensfreiheit, Gerechtigkeit, Menschenwürde musste er sogar, wie man meinen sollte, fortwährend in tiefem Gegensatz zu der geschichtlichen Figur sich fühlen, die ihn, wenn sie seiner habhaft geworden wäre, mit seinen staatsgefährlichen Träumereien vermuthlich in der Bastille lebendig begraben hätte. Gleichwohl schrieb VOLTAIRE ein eigenes Werk zu LUDWIG's Verherrlichung, und seitdem heisst sogar LUDWIG's Jahrhundert: *Le grand siècle.*

Die Erklärung dieser auffallenden Verirrung des Urtheils bei den Franzosen, und unter ihnen bei VOLTAIRE, ist vielmehr in einer sehr schätzenswerthen und preiswürdigen Seite ihres Volksgeistes zu suchen, in ihrer leicht entflammten Empfänglichkeit für aesthetische Schönheit, ihrer begeisterten Verehrung für die nach ihrem Geschmack gelungenen Schöpfungen ihrer Dichter und Schriftsteller, ihrer treuen Pietät für das Andenken dieser selber, auch solcher, die sich im Laufe der Zeit überlebten.

Ludwig hatte das Glück, dass unter seiner Herrschaft die sogenannte classische Litteratur der Franzosen ihre höchste Blüthe erreichte und die französische Sprache die Weltsprache der Gebildeten ward, und es muss ihm gelassen werden, dass, wie sein Volk, auch er für diese Art der Grösse und des Ruhmes wohl empfänglich war, und dass er ihre Träger gebührend ehrte und belohnte. Corneille, Racine, Molière, Boileau, Lafontaine in der Poësie; Pascal, Fénélon, Le Sage in der Prosa; dazu die Kanzelredner Bossuet, Bourdaloue, Fléchier, Massillon (denn noch gab es in Frankreich keine andere Rednerbühne) sind es, welche für den künstlerischen Sinn der Franzosen über Ludwig's Fehler einen zauberischen Schleier breiten, durch dessen Glanz und Reiz geblendet sie den darunter verborgenen hässlichen Anblick gern vergessen.

So stark ist dieser Zauber, dem auch wir uns nicht ganz entziehen können, dass man darüber zu leicht übersieht, wie Bedeutendes unter Ludwig zugleich für die Wissenschaft und in ihr geschah. Richelieu hatte 1635 die *Académie française* gestiftet. Jetzt gründete Ludwig's grosser Minister Colbert 1666 die *Académie des Sciences*, und begnügte sich nicht damit, in Paris solchen Mittelpunkt für die französische Wissenschaft zu schaffen, sondern rief auch aus dem Auslande Kräfte ersten Ranges herbei, wie Huygens, mit welchem unser Leibniz dort zusammentraf. Im Umgang mit ihm auf die Bahn seiner mathematischen Entdeckungen gelenkt, wäre er sogar in Paris dauernd gefesselt worden, wenn er sich bereit gefunden hätte seinen Glauben zu wechseln. Colbert liess in den Jahren 1667 bis 1672 durch Claude Perrault die

Pariser Sternwarte bauen, welche, so wollte es LUDWIG, an Pracht alle ähnlichen Gebäude seit der Sternwarte zu Bagdad übertreffen sollte, ebendeshalb aber wenig zweckmässig ausfiel. Die Direction der Sternwarte erhielt 1669 der Italiener GIOVANNI DOMENICO CASSINI, der Stammvater des erst um die Mitte dieses Jahrhunderts erloschenen Geschlechtes von Gelehrten. An der Pariser Warte maass 1675 der Däne OLOF RÖMER die Geschwindigkeit des Lichtes im Weltenraume; von hier zog RICHER aus, um auf Cayenne die Pendelbeobachtungen anzustellen, aus welchen sich die Abnahme der Schwere nach dem Aequator zu ergab. Ebenda wurde der astronomischen Ortsbestimmung eine neue Aera dadurch eröffnet, dass Abbé PICARD das Fernrohr mit den winkelmessenden Instrumenten verband, und von dort ging auch gleich eine umfangreiche Anwendung der verbesserten Apparate aus, indem PICARD selber 1669—70 zwischen dem ein Drittel Grad südlich von Paris gelegenen Malvoisine und Amiens die erste brauchbare Gradmessung ausführte: auf derselben Strecke zum Theil, wo 1528 der Leibarzt HEINRICH's II. JEAN FERNEL, von dem der Name der Physiologie herrührt, solche Messung durch Zählung der Umdrehungen seines Wagenrades versucht hatte. PICARD's Gradmessung sollte in der Geschichte der Wissenschaft eine denkwürdige Rolle spielen.

Schon war geraume Zeit verflossen, seit Sir ISAAC NEWTON, durch die Pest aus Cambridge vertrieben, in seinem Garten zu Woolsthorpe den berühmten Apfel fallen sah. Er wird wohl nicht gerade dieses Anblicks bedurft haben, um die Idee zu fassen, dass dieselbe Ursache, welche hienieden jeden Körper dem Mittelpunkt der Erde zutreibt, es auch sei, welche den Mond in seiner Bahn um die Erde und dann auch die Planeten in ihrer Bahn um die Sonne erhält, und dass diese Kraft im umgekehrten Verhältniss mit dem Quadrat der Entfernung abnehme. Ist dies der Fall, so muss man aus gewissen Daten, deren Feststellung unter Anderem die Kenntniss des Halbmessers des Erdballs erfordert, die Kraft berechnen können, welche den Mond in seiner Bahn erhält. Der Halbmesser des als Kugel gedachten Erdkörpers aber folgte aus der Messung der Länge eines Breitengrades an der Erdoberfläche. Als NEWTON obige Rechnung anstellte, und dabei einen ohne Zweifel aus den besten ihm bekannten Gradmessungen erschlossenen, jedoch um etwa ein Siebentel zu kleinen Werth für den Erdhalbmesser zu Grunde legte, fand er das vermuthete Gesetz nicht bestätigt, sondern den Fall des Mondes gegen die Erde um etwa ein Siebentel geringer als es verlangt. Seltsam genug, hätte er die von FERNEL mit dem Wagenrade gefundene Zahl genommen, so wäre der gewünschte Erfolg nicht ausgeblieben, und der Menschengeist schon damals einer seiner höchsten Errungenschaften theilhaftig geworden. So jedoch liess NEWTON entmuthigt die Sache auf sich beruhen und wandte sich optischen Untersuchungen zu.

Dies war 1666; und angeblich verflossen sechzehn Jahre, ohne dass er in Bezug auf die Mechanik des Weltalls einen anderen Fortschritt machte, als dass er den Fallversuch ersann, wodurch die Umdrehung der Erde um ihre Axe bewiesen wird, welcher aber erst 1802 BENZENBERG auf dem Michaelisthurm in Hamburg sicher gelang; zu dessen Wiederholung jetzt wohl der Eiffelthurm einlüde, hätte nicht Léon Foucault's Pendelversuch die Drehung der Erde noch unmittelbarer zu veranschaulichen gelehrt. Da soll Newton 1682 in der *Royal Society* zufällig von der Picard'schen Gradmessung gehört haben, aus welcher sich ein bedeutend grösserer Erdhalbmesser ergab als der früher von ihm angewandte. Die Legende will, dass er zu Hause sogleich seine alte Rechnung mit Zugrundelegung des neuen Werthes für den Erdhalbmesser wieder aufnahm, und indem er sich der Endgleichung näherte, schon erkannte, dass diesmal das gesuchte Ergebniss herauskommen würde. Im Anblick des unermesslichen ihm gelungenen Fundes ergriff ihn solche Aufregung, dass er, unfähig die Rechnung weiter zu führen, sie einem Freunde anvertraute, der sie glücklich beendete.[1] Vier Jahre später übergab Newton der *Royal Society* das Manuscript der *Principia mathematica.*

Allein die Gradmessungen sollten für Newton's Lehre noch eine andere Bedeutung erlangen. Aus der Drehung der Erde um ihre Axe folgt, dass bei ihrer Bildung oder, wie man es früher sich dachte, nach ihrer Erschaffung im Lauf ihres Bestandes, durch Centrifugalkraft eine grössere Anhäufung von Materie am Aequator habe stattfinden müssen, als an den Polen. Dann aber muss, nach Newton, die Schwere am Aequator geringer sein, als an den Polen; wozu noch kommt, dass, wie schon Huygens einsah, die Centrifugalkraft auch in der Gegenwart die Schwere am Aequator unmittelbar vermindert. Die Schlüsse aus Newton's Theorie schienen durch Richer's Beobachtungen völlig bestätigt zu sein. Das passte aber nicht zu den damals in Frankreich herrschenden Meinungen. Bis in den Schooss der Akademie, ja bis zu ihrem beständigen Secretar Fontenelle, war man dort gut cartesisch gesinnt. Die Anziehung durch den leeren Raum hielt man für ein unmögliches Hirngespinnst, durch welches die *Qualitates occultae* der Scholastik wiederbelebt würden, und erklärte die Mechanik des Himmels durch Wirbel einer den Raum stetig erfüllenden Materie. Es braucht nicht gesagt zu werden — Condorcet selbst spricht es unverblümt aus —, dass hinter der Parteinahme für Descartes wider Newton ein gutes Theil nationaler Eifersucht sich barg. [2]

Die bisherigen Gradmessungen von Eratosthenes bis Picard hatten nur den Zweck verfolgt, die Grösse der als Kugel gedachten Erde zu bestimmen. Nach Newton's Lehre sollte aber die Erde keine Kugel, sondern an den Polen abgeplattet sein. Schon hatte 1666 Cassini am Jupiter, dessen schnelle Drehung um seine Axe seine Flecke verriethen, solche Abplattung wahrgenommen, der Erdschatten bei Mondfinsternissen konnte indess nichts davon erkennen lassen. Um über die Gestalt der Erde Gewissheit zu erlangen, mussten offenbar Meridiangrade in möglichst verschiedenen Breiten gemessen werden. Ist die Erde an den Polen abgeplattet, hat sie hier einen grösseren Krümmungshalbmesser als am Aequator, so müssen in höheren Breiten die Grade länger als in niedrigeren Breiten gefunden werden. Domenico Cassini wurde beauftragt, die Gradmessungen in diesem Sinne auszudehnen. Aus seiner Messung des Meridianbogens zwischen Paris und Dünkirchen einerseits, andererseits Paris und Collioure am westlichsten Punkte der französischen Mittelmeerküste ging aber die Erde, statt an den Polen abgeplattet, vielmehr als ein von Pol zu Pol gestrecktes Sphaeroid hervor. Jacques Cassini wiederholte seines Vaters Messungen mit verschiedenen Instrumenten und Methoden und auf verschiedenen Strecken, und immer mit dem nämlichen, Newton widersprechenden Erfolge.

Dies war der Anfang eines grossen Zwistes in der *Académie des Sciences*, der sich weit über das siebzehnte Jahrhundert hinaus hinzog. Die Cartesianer, die Mathematiker alter Schule, die sich auch gegen die Neuerungen der Infinitesimalrechnung ablehnend verhielten, stemmten sich gegen die Newton'sche Theorie des Weltgebäudes, während ein jüngeres Geschlecht sich dieser Lehre nicht verschloss und die dafür sprechenden Gründe schon für beweiskräftig hielt. Immer blieb die Schwierigkeit bestehen, dass die Gradmessungen mit der theoretisch geforderten Abplattung der Erde an den Polen nicht stimmten, so dass noch 1720 der nachmalige Secretar d'Ortous de Mairan den verzweifelten Ausweg vorschlug, anzunehmen, die Erde sei ursprünglich noch spitzer an den Polen gewesen, als die Cassini sie gefunden hätten, und ihre geringere jetzige Zuspitzung sei die Wirkung eben der Ursachen, aus welchen Newton, von der Kugelgestalt ausgehend, ihre Abplattung folgerte. Man muss diese heute für uns fast unbegreiflichen Vorgänge vor Augen haben, um die Bedeutung der wissenschaftlichen Thaten zu verstehen, welche ihnen ein Ende machten, und um das Verdienst der Männer gehörig zu würdigen, welche Solches vollbrachten.

Unter jenem jüngeren Geschlechte französischer Mathematiker und Astronomen ragt als einer der Ersten hervor Pierre-Louis Moreau de Maupertuis, am 28. September 1698 zu Saint-Malo geboren, wo auch La Mettrie und Chateaubriand das Licht erblickten. Sein Vater, René Moreau de Maupertuis, einer der angesehensten Männer der Stadt und der Provinz, war von altem Adel, seine Mutter Jeanne-Eugénie Baudran von bürgerlicher Herkunft. Sein erster Unterricht war häuslich. Als sechzehnjähriger Jüngling kam er nach Paris in ein Collège, wo sein Wissensdurst zwei Jahre lang mit Cartesischer Philosophie abgespeist wurde. Schon hier erwachte in ihm Misstrauen gegen einen Philosophen, der mit *de omnibus dubitandum* begonnen und mit ausschweifender Speculation geendet hatte. Sonderbarerweise ahmte er ihm aber in Einem Stücke nach. Wie Descartes ward er zuerst Soldat. Er trat 1718 bei den grauen Musketieren ein und erhielt später eine Compagnie in einem zu Lille garnisonirenden Cavallerie-Regiment. Die so gewonnene körperliche Tüchtigkeit sollte ihm in seinem bewegten Leben später wohl zu statten kommen. Einstweilen konnten sein Feuergeist und seine entschiedene mathematische Neigung es im ruhmlosen Müssiggang des damaligen Offizierlebens im Frieden nicht lange aushalten, und er nahm bald den Abschied. Geschrieben hatte er um diese Zeit noch nichts, aber in dem *Café Procope*, welches bis in unsere Tage ein Sammelplatz wissenschaftlicher und litterarischer Grössen blieb, hatte er im Winter 1722 einflussreiche Verbindungen aus akademischen Kreisen angeknüpft, und es giebt einen Begriff von der Macht seiner Persönlichkeit und seinem glänzenden Talent, dass nicht allein diese Freunde in ihn drangen, sich der Wissenschaft zu widmen, sondern dass er auch sogleich am 11. December 1723, fünfundzwanzig Jahre alt, von der Akademie als *Adjoint géomètre* aufgenommen wurde. Erst elf Monate später trat er dann mit seiner ersten Abhandlung hervor: Ueber die Gestalt der musikalischen Instrumente, aber schon 1725 wurde er zum *Associé astronome* der Akademie befördert. Die Bedeutung und Möglichkeit solchen Fortschrittes ist in uns nicht ganz durchsichtigen Einrichtungen der damaligen Akademie zu suchen; jedenfalls geht daraus abermals das auf die Zukunft des jungen Maupertuis gesetzte Vertrauen hervor.

Dies rechtfertigte sich bald, denn das Jahr darauf beginnt die eine Zeit lang dicht gedrängte Reihe seiner mathematischen Arbeiten. Sie sind meistens analytisch-geometrischen und -mechanischen Inhalts und behandeln Curven höherer Art, ein durch die neuen Rechnungsmethoden erst vor Kurzem zugänglich gemachtes Feld von reizvollen Entdeckungen, welches dadurch noch anziehender wurde, dass die Mathematiker aller Länder sich gegenseitig Aufgaben aus diesem Gebiete stellten. Newton selber, Leibniz, die Bernoulli betheiligten sich an diesem internationalen Wettkampf, in den nun auch Maupertuis eintrat. Den Werth von Maupertuis' mathematischen Leistungen rühmte noch vor siebenundzwanzig Jahren an dieser Stelle und am gleichen Tage kein Geringerer als Hr. Kummer. „Er nahm", sagt er, „unter den besten Mathematikern seiner Zeit einen ehrenvollen Platz ein, und seine Arbeiten in diesem Felde haben nicht bloss ein hohes geschichtliches Interesse, sondern sind auch noch heute als bleibendes Eigenthum der Wissenschaft erhalten."[3]

Nachdem MAUPERTUIS es in Paris soweit gebracht hatte, zog es ihn, durch Reisen seinen Gesichtskreis zu erweitern. Er wandte sich zuerst (1728) nach England, der Heimath der Attractionstheorie, deren Urheber er nicht mehr am Leben traf, als deren Apostel in Frankreich er aber mit offenen Armen aufgenommen und zum Mitglied der *Royal Society* erwählt wurde; dann nach Basel, damals dem Hauptsitz der neueren Mathematik. JACOB BERNOULLI I. — nach der von POGGENDORFF angenommenen Notation — war zwar auch schon gestorben, aber sein Bruder JOHANN I., beider Neffe NICOLAUS I., JOHANN's I. Söhne NICOLAUS II., DANIEL und JOHANN II. fuhren fort, die Fahne der Analysis des Unendlichen hochzuhalten, und gaben das merkwürdige Beispiel einer Dynastie von Mathematikern, wie die CASSINI einer solchen von Astronomen, die JUSSIEU einer von Botanikern, die MECKEL einer von Anatomen. So strenge waren in Basel die akademischen Formen, dass MAUPERTUIS sich als Student immatriculiren lassen musste, um den Unterricht des älteren JOHANN BERNOULLI zu geniessen. Dies verhinderte indess nicht, dass er mit den BERNOULLI, besonders JOHANN II., einen Freundschaftsbund für das Leben schloss.

Nach Paris zurückgekehrt fand er in der Akademie den Streit zwischen Cartesianern und Newtonianern heftig entbrannt. Er stürzte sich in diesen Kampf mit der ganzen Wucht seiner Energie, seines Talentes, seines Wissens, und half durch zahlreiche Schriften theils in streng mathematischer, theils in mehr gemeinfasslicher Form den Sieg der neuen Lehre zuwenden, zu der nun auch andere jüngere Kräfte ersten Ranges, wie CLAIRAUT und DE LA CONDAMINE, sich laut bekannten. Uebrigens zeigte sich hier schon MAUPERTUIS' Neigung zu teleologischen Speculationen, welche in seiner späteren Laufbahn ihn in die Irre führen sollte. Anstatt die Abnahme der Schwere im umgekehrten Verhältniss des Quadrates der Entfernungen einfach als Folge davon aufzufassen, dass dieselbe Kraftgrösse sich über Kugelschalen verbreitet, welche wie das Quadrat des Halbmessers wachsen, zerbricht er sich den Kopf darüber, welche Gründe wohl den Schöpfer bewogen haben, das Gesetz der umgekehrten Quadrate allen anderen möglichen Gesetzen vorzuziehen.

Zuletzt spitzte sich der Gegensatz in der Akademie wieder zu der Frage nach der Gestalt der Erde zu, worüber noch immer die durch die CASSINI'schen Gradmessungen erzeugte Unsicherheit schwebte. Mehr und mehr befestigte sich die Ueberzeugung, dass man in dieser Frage zu einem Abschluss nicht anders gelangen könne, als durch eine dem Aequator nahe vorgenommene Gradmessung. LA CONDAMINE, erst kürzlich von Troja zurückgekehrt, erbot sich zur Reise nach Cayenne, wenn der König ihn hinschicken wolle. Obschon er erst *Adjoint* der Akademie war, wurde, nach einigen Zwischenfällen, sein Anerbieten angenommen, und von dem Minister MAUREPAS, dem COLBERT LUDWIG's XV., den der Hass der POMPADOUR noch nicht gestürzt hatte, das Unternehmen sogar in erweiterter Gestalt in's Werk gesetzt. LA CONDAMINE, BOUGUER und GODIN verliessen am 16. Mai 1735 La Rochelle auf einem Kriegsschiff, gelangten über La Martinique, San Domingo und Cartagena nach Portobelo,[4] überschritten die Landenge von Panama, segelten nach Guayaquil, wo LA CONDAMINE sich von seinen Gefährten trennte, und fanden sich endlich nach dreizehn Monaten wieder zusammen in Quito, welches der Mittelpunkt ihrer Operationen werden sollte. Unter beispiellosen Anstrengungen, Fährlichkeiten und Entbehrungen, in stetem Kampfe mit einer fremdartig riesenhaften Natur und einer fanatisch feindseligen Bevölkerung, vollendeten sie in acht Jahren die grosse peruanische Gradmessung auf der Hochebene der Andes, und brachten als Nebengewinn auch noch die von NEWTON vorhergesagte, durch den Chimborazo auf das Loth geübte Ablenkung mit nach Hause. Wie ein Roman liest sich in CONDORCET's *Éloge* die Schilderung der Abenteuer LA CONDAMINE's, von der Landung in Guayaquil bis zu dem Augenblicke, wo er auf der Heimfahrt, von seinen Indianern verlassen, auf einem aus Lianen geflochtenen Floss durch die Stromschnellen des Pongo de Manseriche in die breiten Wasser des unteren Marañon schiesst, die vor ihm kein wissenschaftliches Auge erblickt hatte. Man hat in Frankreich LA CONDAMINE den HUMBOLDT des achtzehnten Jahrhunderts genannt,[5] und trotz tiefen sonstigen Unterschieden trifft dies darin zu, dass beide denselben Welttheil durchforschten, beide alle Natur-Erscheinungen und -Gegenstände mit gleicher Wärme erfassten, beide ihr ansehnliches Privatvermögen ihren wissenschaftlichen Zwecken opferten, endlich beide in ihren Schriften die Zier einer schönen Darstellung nicht verschmähten; da denn LA CONDAMINE auch zum Mitglied der *Académie française* gewählt wurde.

Unterdessen war MAUPERTUIS nicht müssig geblieben. Er war 1731 zum *Pensionnaire géomètre* vorgerückt, was etwa unserem ordentlichen Mitgliede entspricht. Es gelang ihm die Akademie und MAUREPAS davon zu überzeugen, dass, um die Frage nach der Gestalt der Erde wirklich zum Austrage zu bringen, eine zweite Expedition nöthig sei, welche eine Gradmessung in möglichst hoher Breite ausführe. Der Unterschied zwischen den Graden am Aequator und denen in Frankreich würde noch zu klein sein, um mit voller Sicherheit daraus auf den kleineren Krümmungshalbmesser in niederen Breiten schliessen zu können. Erst wenn in höheren Breiten ein weiterer Unterschied in demselben Sinne sich ergäbe, würde jeder Widerspruch verstummen müssen. Als Oertlichkeit für ein solches Unternehmen schlug er Lappland vor, wo man in der Breite des Polarkreises eine Gradmessung vornehmen könnte.

Zwischen der französischen Wissenschaft und dem skandinavischen Norden fehlte es nicht an Beziehungen. DESCARTES war bei der Königin CHRISTINE gestorben, PICARD hatte auf der Insel Hveen die Trümmer von TYCHO BRAHE's Uranienborg aufgesucht, und eine Zeit lang dort beobachtet; durch ihn war OLOF RÖMER nach Paris gezogen worden, wo auch der Astronom CELSIUS aus Upsala sich aufhielt. Unstreitig hat wohl CELSIUS dazu beigetragen, MAUPERTUIS' Aufmerksamkeit auf Lappland zu lenken. Doch hatte schon 1681 der Lustspieldichter REGNARD, eine der merkwürdigsten Naturen in jener daran so reichen Zeit, gerade die Gegend besucht, in welche wir jetzt MAUPERTUIS zu begleiten haben, und von seinen dortigen Erlebnissen und Wahrnehmungen eine höchst lebendige und anschauliche Schilderung entworfen. Diese war erst eben, 1731, erschienen, und ward vielleicht auch, obschon es sich nirgend gesagt findet, von Wichtigkeit für Maupertuis' Entschlüsse.[6]

Umgeben von einem förmlichen Stabe von Gehülfen, segelte Maupertuis am 2. Mai 1736 auf dem *'Prudent'* von Dünkirchen ab nach Stockholm. Er hatte bei sich die drei Akademiker Clairaut, Camus und Le Monnier, überdies den Abbé Outhier, Correspondenten der Akademie in Bayeux, welcher sich um die Expedition besonders verdient gemacht hat, indem er sein sorgfältig geführtes Tagebuch mit einer Fülle anziehender Einzelheiten und mit zwar rohen, doch lehrreichen Abbildungen herausgab.[7] In Stockholm bereitete der König-Gemahl Friedrich von Hessen-Cassel in Person den Reisenden den besten Empfang und gewährte ihnen jede Art von Unterstützung. Celsius, der sich von Paris aus der Expedition angeschlossen hatte, wurde ihr hier dauernd beigesellt, wegen seiner Kenntniss des Landes und der Sprache ein unschätzbarer Zuwachs. Von Stockholm wendeten sich die neuen Argonauten (als solche besang sie Voltaire) nach dem nördlichen Ende des Bottnischen Meerbusens, wo, vom Lappländischen Gebirge her, Lappland von Finnland scheidend, ein ansehnlicher Strom, die Torneå-Elv, in die See sich ergiesst. In seiner weiten Mündung liegt auf einer Insel, die im Sommer zur Halbinsel wurde, die damals noch nicht russische Stadt Torneå. Das jetzt in der Meteorologie oft genannte Haparanda, etwas westlich von Torneå am Meere gelegen, wurde erst viel später gegründet, obgleich der Name schon auf Outhier's Karte steht.

Maupertuis' Plan war gewesen, die zahlreichen, dort vor dem Festland zerstreuten Inseln zu seiner Messung zu benutzen, zwischen denen der nöthige Verkehr leicht durch Boote herzustellen gewesen wäre; unvollkommene Karten hatten ihn jedoch über ihre Lage und Beschaffenheit getäuscht. Er sah sich genöthigt, von Torneå aus nach Norden die Gelegenheit für seine Operationen zu suchen, welche sich glücklicherweise in dem umgefähr in dem Meridian verlaufenden Flussthal der Torneå-Elv fand.

Inzwischen warteten seiner und seiner Gefährten ungeheure Schwierigkeiten. Das Stromgebiet der Torneå-Elv war zu jener Zeit eine unbeschreiblich rauhe Wildniss, auf welche Leopold's von Buch anmuthende Schilderung derselben Gegend, die er 1807 bereiste, nur wenig mehr passt.[8] Von den Ufern des Bottnischen Busens steigt, wie von Buch's Profil es zeigt, das Land sehr allmählich zum Fuss des Gebirges an, welches an dem Nordcap steil in das Eismeer abfällt. Einzelne Berge von nur einigen Hundert Fuss Höhe ragen wie Inseln aus dem sonst nur mässig bewegten Gelände hervor. Ueber Alles aber erstreckte sich ein grenzenloser Urwald riesiger Fichten, Tannen und Birken auf einem Untergrund von weissem Rennthiermoos. Reissende Gebirgsbäche, Sümpfe, unzählige kleine Seen erschwerten im Sommer die Fortbewegung, wo von Buch die vortrefflichen Kunststrassen rühmt. Die Torneå-Elv selber ist wegen häufiger Wasserfälle nur streckenweise schiffbar. Der Winter ist nicht so hart, wie unter gleicher Breite in Amerika; immerhin dauert er von Mitte September bis Mitte Mai, und bedeckt das ganze Land mit mannshohem, feinpulverigem Schnee, der durch wüthende Windstösse herumgewirbelt den Wanderer des Gesichtes und der Richtung beraubt. Die Sonne geht monatelang nur für wenige Stunden auf, und nur der unstete blutige Schein der Nordlichter erhellt die traurig ermüdende Nacht. Der lange Sommertag vermag wohl einige Blumen hervorzulocken, wie denn MAUPERTUIS überrascht war, am Ufer eines Baches wilde Rosen blühend zu finden; doch wird jeder Lebensgenuss durch eine schon von REGNARD eindrucksvoll geschilderte Qual verkümmert: durch so zahlreiche und dichte Schwärme von Stechfliegen und Mücken, wie selbst heisse Länder sie nicht kennen. Nur indem man wie die Eingeborenen sich in Rauchwolken von grünem Holze hüllte, oder Gesicht und Hände mit Theer beschmierte, konnte man dieser Harpyien sich erwehren, welche beim Beobachten natürlich nicht minder lästig waren als beim Essen und Schlafen. Uebrigens wimmelte der Wald von Federwild, die Elv von Lachsen und Hechten. Die Bevölkerung bestand zu MAUPERTUIS' Zeit, abgesehen von spärlichen schwedischen Ansiedlern, aus Finnen und Lappen. Die Finnen bewohnten sogenannte Dörfer aus wenigen weit zerstreuten elenden Hütten; sie zeigten sich als kühne und gewandte Bootsleute auf der Elv. Die Lappen lebten nomadisch unter wollenen Zelten vom Ertrag ihrer Rennthierheerden, welche auch die üblichen Zugthiere stellten. Der Reisende wurde in einem aus leichten Brettern mit Rennthiersehnen zusammengenähten, einem Canoe ähnlichen Gefährt, *Pulka* genannt, festgebunden, und durch das unbändig dahin stürmende Rennthier über den gefrorenen, oder auch durch den weichen, über ihm zusammenschlagenden Schnee geschleift, wie dies bei MAUPERTUIS und OUTHIER im Bilde zu sehen ist. Doch kommen bei OUTHIER auch

Pferde vor, die er als Ponies beschreibt. Im Sommer musste man zu Fuss durch den Wald häufig seinen Weg mit der Axt sich bahnen. Ein einigermaassen genügendes Obdach fand man nur in wenigen weit auseinander gelegenen Pfarren und Meierhöfen.

So war das Land beschaffen, wo nun MAUPERTUIS und seine Begleiter an das Werk gingen. Das Erste war, die Endpunkte des zu messenden Gradbogens festzustellen. Als der eine dieser Punkte wurde eine Warte in Torneå selbst dem dort als Signal dienenden Kirchthurm nahe gebaut; als der andere eine solche auf einem Hügel Namens Kittis, der beinahe genau in dem Meridian von Torneå, fast um einen Grad nördlich davon entfernt, jenseit des Polarkreises, sich dazu geeignet fand, und in dessen Nähe ein Meierhof, Korten-Niemi bei Pello, eine bequeme Unterkunft bot. Hier hat noch siebzig Jahre später VON BUCH, mit eigenen Empfindungen, denselben Raum bewohnt, wie die Französischen Akademiker. „Noch stand", sagt er, „jedes Gebäude genau, wie OUTHIER sie äusserst getreu in seiner Reisebeschreibung gezeichnet hat; ... selbst die kleine Treppe vor dem Fremdenzimmer schien noch dieselbe." Das Zweite war, den Ort für die unmittelbar zu messende Basis zu bestimmen. Als solche wurde in Aussicht genommen eine hinreichend lange Strecke auf einer seeähnlichen Weitung des Flusses, die sich ja mit Eis bedecken musste und alsdann den Vortheil vollkommener Ebene mit dem freier Bahn verband. Das Dritte endlich war die trigonometrische Messung der Strecke Kittis-Torneå mit Hülfe der Basis vorzubereiten. Dies geschah mittels eines kunstreich angelegten Netzes von Dreiecken in Gestalt eines lang ausgezogenen Heptagons, dessen verschiedene Punkte durch Bergspitzen längs der Torneå-Elv gebildet wurden. Alle diese Gipfel, unter welchen der des Awasaxa eine besondere Bedeutung erlangte, waren mit mächtigen Fichten bestanden. Hier erwies sich eine aus Torneå der Expedition mitgegebene Mannschaft vom Westerbottischen Regimente sehr nützlich, indem sie die Gipfel entwaldete und Signale errichtete.

Als Stern, durch dessen Zenithdistanz der Breitenunterschied zwischen Torneå und dem Kittis erkannt werden sollte, wurde der ganz nahe nördlich vom Zenith der beiden Stationen culminirende Stern δ Draconis gewählt. Zu dieser Beobachtung diente ein von einer zwölf Fuss hohen Pyramide getragener Zenithsector von neun Fuss Halbmesser, mit einem ebenso langen Fernrohr. Er war von Graham in London eigens zu diesem Zweck nach dem Muster dessen gebaut, mit welchem Bradley erst vor Kurzem die Aberration entdeckt hatte, und seinen nur $5\,^1/_2{}^0$ umfassenden Limbus hatte Graham mit eigener Hand getheilt. Man kann sich denken, welche Hindernisse zu besiegen waren, bis dieser mächtige Apparat in Torneå ausgeschifft, über mehr als hundert Kilometer eines Geländes wie das beschriebene auf den Kittis geschafft, dort zusammengesetzt und mit seinem Limbus in dem Meridian aufgestellt worden war. Dies mühselige Geschäft kehrte aber sogar mehreremal wieder, denn nachdem am 30. September die Beobachtung auf dem Kittis beendet war, musste der Sector nach Torneå zurückgebracht werden, um hier die Zenithdistanz desselben Sternes aufzunehmen, was erst zu Anfang November zu Stande kam. Hiermit nicht zufrieden beschloss man diese ganze Operation im Frühjahr mit einem anderen Sterne, *α* Draconis, zu wiederholen, welcher nahe ebenso weit südlich vom Zenith der beiden Stationen entfernt blieb. Sehr nahe dem Zenith gelegene Sterne zog man vor, weil für sie die etwaigen Fehler in der Annahme des Betrages der atmosphaerischen Strahlenbrechung und des Einflusses des Durchbiegens des Fernrohres verschwinden. Nachdem also die Zenithdistanz auch dieses Sternes in Torneå gemessen worden war, musste der grosse Sector wieder nach dem Kittis und zurück nach Torneå wandern, wo die Theilung des Limbus nochmals geprüft und in guter Uebereinstimmung mit dem vom Verfertiger angegebenen Werthe gefunden wurde.

Die Winkelmessungen, mittels welcher die Strecke Kittis-Torneå auf die Basis reducirt werden sollte, wurden grossentheils schon während des Sommers mit einem zweifüssigen Quadranten ausgeführt. Sie gestalteten sich insofern noch beschwerlicher als die Beobachtungen auf dem Kittis, als sie einen häufigen Wechsel des Standortes und längeren Aufenthalt in ganz unwirthbaren Gegenden mit sich brachten, wo es sich doch nicht lohnte, grössere Veranstaltungen zu treffen. Zehn Tage lang blieben so Maupertuis, Clairaut und Outhier auf dem Gipfel des Awasaxa, schliefen unter freiem Himmel auf einer Rennthierhaut auf Felsboden, und lebten zum Theil von Fischen und Waldbeeren, welche die Finnen ihnen zutrugen. Im Ganzen wurden auf diese Weise dreiundsechzig Tage mit Aufnahme des Dreiecknetzes zugebracht.

Der Winter war da, die wenige Tage vorher noch durch Schwäne belebte Elv war in eine weite Fläche von

Eis und Schnee verwandelt, und es konnte zur Messung der Basis geschritten werden. Mit Hülfe einer aus Paris mitgebrachten eisernen Toise bereitete CAMUS, offenbar der Mechaniker der Expedition, aus Fichtenholz acht dreissig Fuss lange Maassstäbe. Holz bot unter Anderem den Vortheil, dass es durch die Kälte sich nicht merklich zusammenzieht; merkwürdig aber ist MAUPERTUIS' Angabe, dass diese Maassstäbe sich durch die Kälte eher etwas auszudehnen schienen, was er durch das Gefrieren in ihren Poren noch enthaltenen Wassers erklärt. Am 21. December, wo die Sonne um Mittag kaum aufging, fing endlich am Nordende der Basis die Messung an, während welcher die Beobachter diesmal bei dem Pfarrer von Oefwer-Torneå ein Unterkommen fanden. Die Gesellschaft theilte sich in zwei Parteien, deren Messungen einander controliren sollten. MAUPERTUIS beschreibt in ergreifender Weise die furchtbaren Beschwerden, unter denen er und seine Begleiter bei dieser Arbeit zu leiden hatten: „Das Gehen durch den zwei Fuss tiefen Schnee, beladen mit den schweren Stangen, die fortwährend hingelegt und wieder aufgenommen werden mussten; bei einer Kälte, wobei Zunge und Lippen sofort an der Tasse anfroren, und nur blutend wieder abgerissen werden konnten, wenn man Branntwein trinken wollte, die einzige Flüssigkeit, welche flüssig genug blieb um sie trinken zu können; einer Kälte, wobei mehreren von uns Finger erfroren,[9] und welche uns noch mit grösseren Gefahren bedrohte. Während unsere Gliedmaassen erstarrt waren, machte die Anstrengung uns schwitzen. Da der Branntwein unseren Durst nicht löschte, musste man in das Eis tiefe Brunnen graben, welche fast augenblicklich wieder zufroren und aus denen das Wasser kaum flüssig in den Mund gelangte; und man musste sich dem gefährlichen Gegensatz blossstellen, welchen dies eiskalte Wasser in unseren erhitzten Körpern erzeugen konnte." Bei diesen Schilderungen darf man freilich nicht vergessen, dass die Erzähler aus einem vergleichsweise warmen Klima stammten, und dass man zu jener Zeit weder arktische Reisen noch Gletscherfahrten gemacht hatte, so dass man im Umgang mit Eis und Schnee, und den Mitteln, der Kälte zu begegnen, noch völlig unerfahren war.

Nach sechs Tagen blieben nur noch fünfhundert Toisen (nicht ganz ein Kilometer) zu messen übrig, für welche die Richtung noch nicht durch Pfähle vorgemerkt war, und die Arbeit wurde auf einen Tag unterbrochen. Anstatt einiger Ruhe zu pflegen, benutzte der unermüdliche Maupertuis diesen Tag, um mit einem Quadranten nochmals den benachbarten Awasaxa zu besteigen und eine vergessene Beobachtung nachzuholen, in dieser Jahreszeit ein unerhörtes Wagniss, bei welchem Outhier ihn begleitete und der Pfarrer Brunnius mit seinen Lappen ihn unterstützte. Der Frost war so stark, dass das von den Lappen angezündete Feuer durch das Schmelzen und Wiedergefrieren des Schneeees ringsum wie in einem Eiskessel zu brennen schien.

Tags darauf, am 28. December, wurde das Werk vollendet. Die letzte Stange wird hingelegt. Die Basis ist 7406 Toisen 5 Fuss lang, länger als irgend eine je vorher gemessene. Die Messungen der beiden Parteien stimmen bis auf vier Zoll überein, bei einer so grossen Strecke ein fast zu guter Erfolg. Es war in Maupertuis' Leben der krönende Augenblick. Man sieht ihn stehen im Schnee, in sein Rennthierfell gehüllt, vielleicht beim Schein eines die Polarnacht schwach erhellenden Kienspans in seinem Taschenbuch die kleine Rechnung ausführend, aus welcher die Abplattung der Erde an den Polen, der Sieg Newton's, sein eigener Sieg sich ergab. Ihn so darzustellen, wäre wohl besser gewesen, als in der von Voltaire verspotteten Weise, zwar auch in Lappländischer Tracht, aber mit der Hand auf einem Globus, als ob er den noch knetbaren Erdball am Nordpol abplatte.[10]

Es versteht sich, dass nichts unterlassen wurde, um das Ergebniss vollends zu sichern. Alle damals erdenklichen Correctionen, auch die neue wegen der Aberration, wurden angebracht, alle Gegenproben durchgeführt. Die Summe der Winkel des Siebenecks musste wegen der Krümmung der Erde etwas grösser sein als zehn Rechte, sie wurde zu $900^0\ 1'\ 37''$ gefunden. Wir sahen schon, wie zum Ueberfluss noch der Unterschied der Zenithdistanz eines zweiten Sternes auf dem Kittis und in Torneå, durch völlige Wiederholung dieses Theiles der ganzen Operation, bestimmt wurde. Dennoch hat es sich zu Anfang dieses Jahrhunderts bei einer von Schwedischen Gelehrten, von Svanberg, Oefverbom u. A., auf derselben, aber nord- und südwärts noch verlängerten Strecke und mit noch besseren Hülfsmitteln vorgenommenen Gradmessung gezeigt, dass Maupertuis' Zahl nicht ganz richtig war, sondern die Abplattung der Erde etwas zu gross erscheinen liess. Dies vermindert sein Verdienst nicht, durch seine Thatkraft, Beharrlichkeit und sinnreiche Verwerthung der gegebenen örtlichen Verhältnisse das grossartige Unternehmen zu einem vergleichsweise so gutem Ende geführt zu haben. Wir schweigen von den Versuchen mit einer gleichfalls von GRAHAM in London besonders dazu gebauten Pendeluhr, an welcher MAUPERTUIS die ergänzende Beobachtung zu der von RICHER in Cayenne machte, indem er nachwies, dass die Uhr in Pello gegen Paris um fast eine Minute im Sterntag vorging.

Nach Torneå zurückgekehrt, verharrte nunmehr die Expedition in einer durch die wachsende Kälte ihr aufgewungenen Unthätigkeit. Im Januar ward es so kalt, dass, wenn man die Thür öffnete, es in der warmen Stube zu schneien anfing. In Graden lässt sich die Temperatur leider nicht angeben, da bei MAUPERTUIS sowohl wie bei OUTHIER die Zahlen mit einem unerklärlichen Fehler behaftet sind;[11] doch war das Quecksilber nicht gefroren. Diese monatelange unfreiwillige Musse scheint nicht das kleinste der Gesellschaft beschiedene Ungemach gewesen zu sein, und nur MAUPERTUIS' unerschöpflich sprudelnden Lebensgeister, wenn auch nicht seine Guitarre, hielten auch seine Gefährten aufrecht. Eine poëtische Ader, an der es ihm so wenig fehlte, wie LA CONDAMINE, erwachte in solchem Müssiggang, und ein uns erhaltenes kleines Gedicht, welches im *Caveau* sicher beklatscht worden wäre, zeugt davon, dass etwas mongolisches Blut seiner Empfindung für weiblichen Reiz keinen Eintrag that.

MAUPERTUIS war, als Sohn seiner Zeit, Polyhistor. Wie er früher in Montpellier an Salamandern und Scorpionen experimentirt hatte, um die über diese Thiere verbreiteten Sagen zu prüfen, so wurde er jetzt durch die Kunde von einem urgeschichtlichen Denkmal aufgeregt, von welchem die Finnen und Lappen Wunder erzählten. Noch weit nördlich von dem uns bekannten Pello befinde sich tief im Walde ein Stein mit einer Inschrift, von dessen Ursprung Niemand etwas wisse. Bei Gelegenheit der Beobachtung des α Draconis auf dem Kittis unternahm es Maupertuis, trotz dem noch herrschenden strengen Winter, die Sache aufzuklären. Er hatte das Glück, dass Celsius, ein guter Kenner der Runen, sich ihm anschloss. Sie fanden den übrigens schon von dem Pfarrer Brunnius in seiner Beschreibung Torneå's und seiner Umgebung nach einer handschriftlichen Quelle erwähnten Stein auf einem Hügel Windso bei einem See Kemijärvi. Maupertuis giebt in seinen Werken ein Facsimile der Inschrift, welche Celsius nicht zu entziffern vermochte, und für verschieden von allen ihm in Schweden bekannten Runischen Inschriften erklärte, wie sie denn auch jedenfalls keine Runische war. Der Stein ist seit längerer Zeit nicht mehr angetroffen worden; jetzt ist man im Allgemeinen der Ansicht, dass die Zeichen einem Naturspiel zuzuschreiben waren, ein Verdacht, der auch Maupertuis schon aufstieg. Der Gegenstand kann hier nicht weiter verfolgt werden,[12] er interessirt uns aber insofern er Licht wirft auf Maupertuis' geistige Eigenart, und dadurch zum Verständniss mancher Vorgänge in seinem späteren Leben beiträgt. Um das Vorkommen eines solchen Denkmals aus der Urzeit in einer nur von tiefstehenden, des Schreibens unkundigen Menschenracen bewohnten Landschaft zu erklären, geht er soweit eine Schwankung der Erdaxe anzunehmen, wodurch die jetzigen Polargegenden, welche früher eines gemässigten Klima's genossen, erst arktisch wurden.

Auf der Heimfahrt von Torneå nach Stockholm litt MAUPERTUIS Schiffbruch im Bottnischen Meerbusen. Die Aufnahme, die er beim Könige fand, tröstete ihn wohl über dies Missgeschick. Im August 1737, fünfzehn Monate nachdem er Frankreich verlassen, zog er als Triumphator in Paris wieder ein. Fast ebenso lange hatte die Aequatorial-Expedition gebraucht nur um an Ort und Stelle zu gelangen, und noch war von ihr keine Kunde eines Erfolges eingetroffen. Dies trug nicht wenig dazu bei, MAUPERTUIS' Thaten in noch hellerem Glanze strahlen zu lassen. Doch sollte sein Glück nicht ungemischt sein. Zwar ward er in der Pariser Gesellschaft der Held des Tages. Obschon von gerade nicht sehr vortheilhafter Gesichtsbildung, von oft vernachlässigter äusserer Erscheinung und abstossendem Benehmen sah man ihn in den Salons, im Tuileriengarten umdrängt von einem Kranze liebenswürdiger Damen, die sich mit bewunderndem Entzücken Lappländische Schauergeschichten erzählen liessen. Anders in der Akademie. Seine am 13. November 1737 in öffentlicher Sitzung gelesene Rede: *Sur la mesure de la Terre au cercle polaire*, aus welcher die obigen Angaben meist geschöpft sind, wurde wohl mit lebhafter Theilnahme an seinen persönlichen Erlebnissen angehört, das wissenschaftliche Ergebniss der Reise aber nur kühl aufgenommen. Die cartesische Partei, auf die sechs Gradmessungen von drei Generationen der CASSINI gestützt, gab sich noch immer nicht für geschlagen, sondern blieb bei ihrem an den Polen zugespitzten Erdsphaeroïd, auch nachdem MAUPERTUIS mit demselben GRAHAM'schen Sector, dessen er sich in Lappland bediente, PICARD's Messung zwischen *Notre Dame de Paris* und der nur 3′ westlicheren *Notre Dame d'Amiens* wiederholt und einen seiner nordischen Messung sich gut anschliessenden Werth erhalten hatte.

Dieser sinnlose Widerstand war von keinem guten Einfluss auf MAUPERTUIS. Er steigerte sein nicht geringes Selbstgefühl in's Ungemessene, und reizte ihn zu einem höhnisch verbitterten Tone. Den Kampf gegen die Gegner führte MAUPERTUIS nicht nur persönlich in der Akademie, sondern auch mit zum Theil anonymen Spottschriften, unter denen die in nur vier Exemplaren gedruckte *Lettre d'un horloger anglais à un astronome de Pékin* als die witzigste, aber auch giftigste, Erwähnung verdient.[13] Der englische Uhrmacher schlägt vor, wissenschaftliche Fragen künftig statt durch kostspielige und langwierige Unternehmungen von zweifelhaftem Werthe lieber durch Würfeln zu entscheiden. Das Werfen einer ungeraden Zahl von Augen möge Abplattung der Erde an den Polen bedeuten: so zeige sich die Ueberlegenheit des Würfelns über die CASSINI'schen Methoden darin, dass, da die Wahrscheinlichkeit für eine gerade Zahl von Augen dieselbe ist wie für eine ungerade, man nach MOIVRE 63 gegen 1 wetten könne, dass nicht sechsmal nacheinander die Erde zugespitzt aus dem Becher hervorgehen werde, wie aus den CASSINI'schen Gradmessungen.

Glücklicherweise sollte dieser unerquickliche Zustand nicht lange dauern. Das Jahr darauf schrieb LA CONDAMINE aus Peru, dass die dortige Gradmessung zwar noch nicht bis zur letzten Genauigkeit gediehen sei, dass aber schon jetzt, bei Annahme der grössten möglichen Fehler, daraus der kleinere Krümmungshalbmesser der Erde am Aequator sich ergebe. Diesem neuen Schlage widerstanden die Cassini nicht. Sie wurden irre an ihren Messungen, wiederholten sie endlich selber mit besserem Erfolge, reichten die Hand zur Versöhnung, und damit war der Streit über die Erdgestalt in der Hauptsache beendet. Nur verwirrte Köpfe wie der in anderer Art verdiente Verfasser von *Paul et Virginie* liessen noch 1784 sich nicht ausreden, dass aus der grösseren Länge der Grade an den Polen gerade umgekehrt die Zuspitzung der Erde dort folge.[14]

Hier verlassen wir Maupertuis' grosses Lebenswerk. Es braucht wohl kaum gesagt zu werden, dass nicht allein, wie schon erwähnt, seine Messung eine Berichtigung erfuhr, sondern dass auch die ganze Angelegenheit noch einmal unter einem anderen Gesichtspunkt wieder aufgenommen wurde, nämlich als in Frankreich vor hundert Jahren die Idee entstand, ein Längenmaass auf unveränderlicher natürlicher Grundlage zu schaffen, und man, anstatt nach Huygens' und La Condamine's Vorschlage die Länge des Secundenpendels zu dieser Grundlage zu wählen, den unglücklichen Beschluss fasste, ein Zehnmilliontel des Erdquadranten zur Maasseinheit zu erheben. Damit war die Gradmessung gleichsam zu ihrem ersten und ursprünglichen Zweck zurückgekehrt, die Grösse des Erdballs zu bestimmen. Jeder weiss wie weit vom Ziele die Ausführung blieb. Unser Bessel insbesondere hat gezeigt, dass nicht nur das Meter, wie es aus der grossen französischen Gradmessung von Delambre, Méchain, Biot und Arago zwischen Dünkirchen und Formentera hervorging, merklich zu klein ist, sondern dass es auch ein solches auf die Maasse des Erdkörpers gegründetes Urmaass nicht geben könne, weil dieser Körper kein mathematisch regelmässiger, vielmehr mit allerlei Unregelmässigkeiten behaftet sei. Dies hatte übrigens MAUPERTUIS selber schon als Möglichkeit hingestellt und deshalb auf Ausdehnung der Gradmessungen auf die südliche Erdhälfte bestanden.[15]

Jetzt folgen in MAUPERTUIS' Leben einige Jahre, von deren Inhalt es nicht leicht ist, ein kurz zusammenfassendes Bild zu entwerfen. Zunächst interessirt uns darin sein Verkehr mit zwei Männern, welche ihm in der Folge verderblich werden sollten, mit VOLTAIRE und mit SAMUEL KÖNIG. VOLTAIRE's Ehrgeiz war damals in Mathematik und Physik zu glänzen, MAUPERTUIS erschien ihm dabei als willkommener Wegweiser, und sie standen auf dem freundschaftlichsten Fusse. Den 1712 geborenen, also beträchtlich jüngeren Schweizer Mathematiker SAMUEL KÖNIG, einen Schüler der BERNOULLI, hatte MAUPERTUIS in Basel gekannt, dann in Paris in bedrängter Lage wiedergefunden und Madame DU CHÂTELET zum Lehrer der Mathematik empfohlen, als welcher er drei Jahre lang thätig war. Diese merkwürdige Frau, wenn auch keine SOPHIE GERMAIN, geschweige SONJA KOWALEVSKY, hat es durch ihre persönlichen Beziehungen doch zu einer gewissen Bedeutung in der Geschichte der Physik und Mathematik gebracht. Im frühen Mittelalter umgaben sich edle Damen in der Provence mit einem Hofstaat von Sängern und Dichtern. Madame DU CHÂTELET's *Cour d'amour* in ihrem Schloss Cirey in der Champagne bestand aus Mathematikern, doch war darunter auch ein Dichter, VOLTAIRE, der ihr zu Gefallen zeitweise Physiker ward und die NEWTON'schen Lehren französisch popularisirte. MAUPERTUIS, welcher trotz einigen Misshelligkeiten stets der Marquise eng verbunden blieb, durfte in Cirey nicht fehlen. Von früheren Besuchen verlautet nichts Sicheres; aus Madame DE GRAFIGNY's Briefen erfahren wir, dass er vom 12. bis 16. Januar 1739 dort verweilte.[16] Er war nicht sehr erfreut zu finden, dass KÖNIG, der bei CHRISTIAN WOLF in Marburg ein eingefleischter Leibnizianer geworden war, die Marquise in die Monadologie und die praestabilirte Harmonie eingeweiht hatte, und gab sich alle Mühe, sie davon zurückzubringen. Vielleicht ist aber auch KÖNIG's Lehren die lesenswerthe Auseinandersetzung über die Erhaltung der Kraft in den *Institutions physiques* der Marquise zu verdanken, ein Punkt, über welchen sie mit VOLTAIRE im Streite lag, und richtiger urtheilte als er.[17]

Am 31. Mai 1740 gelangte FRIEDRICH zur Regierung. Eine seiner ersten Sorgen war bekanntlich, diese unter seines Vaters Herrschaft unwürdig verfallene Akademie herzustellen und ihr neues Leben einzuflössen. Im eigenen Lande fehlten dazu die Kräfte, und der Mann, dessen FRIEDRICH in erster Linie sich zu versichern suchte, war niemand Anderes als MAUPERTUIS, der durch seine erfolgreiche Leitung der nordischen Gradmessung, besonders da LA CONDAMINE noch immer ausblieb, unter den französischen Gelehrten jetzt obenan stand. In der schmeichelhaftesten Weise lud er ihn schon im Juni ein, die Reorganisation der Akademie in die Hand zu nehmen, und zunächst am Rhein mit ihm zusammenzutreffen. In Schloss Moyland bei Cleve waren er und VOLTAIRE im September des Königs Gäste. Der *Anti-Machiavel* war eben im Druck fertig geworden. FRIEDRICH drang in MAUPERTUIS, ihm sein Urtheil darüber zu sagen. „Sire", meinte dieser lächelnd, „ich glaube, der erste Rath, welchen MACHIAVELLI seinem Fürsten gegeben hätte, wäre gewesen, einen *Anti-Machiavel* zu schreiben".

Freimuth mit Witz gepaart war gerade, was FRIEDRICH gewinnen konnte. VOLTAIRE wurde noch vorläufig nach Brüssel zu Madame DU CHÂTELET entlassen, MAUPERTUIS durfte dem Könige sogleich nach Berlin folgen, wo er von den beiden Königinnen auf das Glänzendste aufgenommen und in jeder Art gefeiert wurde. Doch sollte er, ehe er in Berlin festen Fuss fasste, noch ein bedenkliches Abenteuer bestehen. Als ehemaliger Cavallerieoffizier liess er es sich nicht nehmen, FRIEDRICH in das Feld, in die Schlacht von Mollwitz zu begleiten. Sein Pferd ging mit ihm durch und jagte in die feindlichen Linien hinein. Von Oesterreichischen Husaren gefangen genommen wurde er ausgeplündert, die Offiziere, denen er vorgeführt wurde, kannten aber glücklicherweise seinen Namen, versahen ihn mit Geld und Kleidern, und schickten ihn nach Wien, wo man ihn auf das Zuvorkommendste behandelte. MARIA THERESIA fragte ihn: „Ist es wahr, dass Prinzess ULRIKE die schönste Fürstin der Welt ist?" — „Ich glaubte es bis heute", war die blitzschnelle Antwort. Bei seiner Verabschiedung vom Grossherzog von Toscana fragte ihn dieser, womit er ihm eine Gnade erweisen könne. MAUPERTUIS bat ihn nach dem Verbleib seiner Secundenuhr von GRAHAM suchen zu lassen, welche die Husaren ihm geraubt hatten. „Ich habe sie gefunden", sagte der Grossherzog, indem er eine ganz ähnliche, von demselben Künstler, aber mit

Diamanten verziert, aus der Tasche zog, und dem erstaunten Maupertuis überreichte.

Freigelassen kehrte Maupertuis über Berlin nach Paris zurück, wo man ihn schon verloren gegeben hatte. Die Arbeiten über die Mondparallaxe, über die loxodromischen Linien auf dem Erdsphaeroid, die er jetzt noch der *Académie des Sciences* mittheilte, haben neben der wissenschaftlichen eine praktische Bedeutung, indem sie der Vervollkommnung der Schifffahrt dienten. Schon früher hatte er eine *Astronomie nautique,* nur zu gelehrt für Seeleute, geschrieben und wiederholt darauf hingewiesen, wie wichtig die genaue Kenntniss der Erdgestalt für die Sicherheit der Schifffahrt sei. Maupertuis' Interesse für das Seewesen wurzelte nicht allein in seiner Herkunft aus einer Hafenstadt, sie war auch ein erblicher Zug, da sein Vater in der Jugend Caperschiffe befehligt hatte.[18] Doch fuhr Maupertuis auch fort, durch mehr gemeinfassliche Darlegungen, wie die *Élémens de Géographie,* den Brief über den Kometen von 1742, bei den litterarischen Kreisen sich in gutem Andenken zu erhalten. Diese Art von Anerkennung sprach sich darin aus, dass die *Académie française* ihn in den Reigen ihrer Vierzig aufnahm. In seiner Antrittsrede am 27. Juni 1743 verglich er die Thätigkeit des Mathematikers mit der des Dichters und Redners, und rühmte sich die Lappen, die den Namen ihres eigenen Königs nicht kannten, den Namen 'Louis' gelehrt zu haben.

In denselben Zeitabschnitt fällt auch noch eine der am häufigsten genannten Schriften Maupertuis', welche, einem ganz anderen Gebiet angehörig, wieder von seinem dilettantisch abspringenden, mit Analogien spielenden, etwas zu leicht befriedigten Sinne zeugt, seine *Vénus physique*. Wenn auch nicht so anstössig, wie der Titel befürchten lässt, ist diese Schrift doch nicht so harmlos, wie das fein gewählte Motto verspricht: *Quae legat ipsa Lycoris*. MAUPERTUIS wurde zu dem Gegenstande geführt durch die Erscheinung eines weissen Negerknaben in Paris, unstreitig eines Albino's, der grosses Aufsehen erregte, so dass auch VOLTAIRE 1744 eine Abhandlung über ihn schrieb. Auf Grund der damals bekannten, noch ganz unzureichenden Thatsachen stellte MAUPERTUIS eine Theorie der Generation auf, an der zwar zu loben ist, dass sie auf dem Boden der Epigenese steht, viel schärfer aber zu tadeln, dass sie die NEWTON'sche Attraction zu Hülfe ruft, um eine von ihm angenommene gegenseitige Anziehung gleichartiger Theilchen bei der Bildung des Foetus zu erklären.

Die kurze Friedenszeit zwischen dem ersten und dem zweiten Schlesischen Kriege hatte FRIEDRICH Musse gelassen, sich wieder um die Akademie zu kümmern, und nach MAUPERTUIS umzusehen. Durch gewisse Vorgänge in Paris verstimmt, folgte dieser jetzt dem Königlichen Rufe endgültig, um so williger als er hier in Fräulein ELEONORE VON BORCK eine Lebensgefährtin fand, die ihn das Aufgeben der Heimath leichter verschmerzen liess.

Auf einer Reise nach Frankreich im Herbst 1744, um seine Uebersiedelung und Heirath vorzubereiten, widerstand er, unbeirrt durch die schlimme Erfahrung von Mollwitz, der Versuchung nicht, die Belagerung von Freiburg durch seine Landsleute als Liebhaber in den Laufgräben mitzumachen. Er ahnte schwerlich, dass unweit in einem Zelte LA METTRIE, dessen Lebensweg bald mit dem seinigen sich verflechten sollte, in den Fieberträumen lag, auf welche er seine 'Naturgeschichte der Seele' gründete.[19]

In Berlin ward es MAUPERTUIS' Aufgabe, die neuen Statuten der Akademie zu entwerfen und einzuführen, wie auch die Akademie nach Bedürfniss und Gelegenheit durch Heranziehen geeigneter Kräfte zu verstärken. Im Gegensatz gegen die Pariser Einrichtungen behielt die Körperschaft unter dem Namen *Académie Royale des Sciences et Belles-Lettres* den ihr von LEIBNIZ aufgeprägten mehr allgemeinen Charakter und die Gliederung in vier Classen, welchen aber die mannigfachen Zweige menschlicher Erkenntniss jetzt anders und zweckmässiger zuertheilt wurden: in eine experimentell-philosophische, eine mathematische, eine speculativ-philosophische und eine geschichtliche und sprachwissenschaftliche Classe. Zu zweien verschmolzen, bestehen noch heute MAUPERTUIS' vier Classen fort, als physikalisch-mathematische und philosophisch-historische Classe, so dass gewissermaassen die Akademie noch immer unter seinem Zeichen lebt und arbeitet. Sehr verschieden aber ist von unserer heutigen die weitere damals beliebte Organisation: MAUPERTUIS' Akademie hatte Einen beständigen Praesidenten und nur Einen beständigen Secretar. Der Eine Praesident war er. Am 12. Mai 1746 ernannte ihn FRIEDRICH dazu mit fast unbegrenzten Vollmachten auch in Bezug auf die Besoldung der Mitglieder; er selber, der König, übernahm das Protectorat. Secretar, und als solcher MAUPERTUIS' rechte Hand, ward FORMEY, ein Prediger der französischen Gemeinde, von welchem hier schon einmal ausführlich die Rede gewesen ist.[20] In MAUPERTUIS' Auftrage arbeitete Formey über die ältere Geschichte der Akademie bis zum Jahre 1752 ein für uns höchst werthvolles Quellenwerk aus. Dass die Friedericianische Akademie nicht bloss ihrem Namen nach, sondern auch in ihren Verhandlungen, festlichen Aeusserungen und Schriften eine ganz französische war und bis zu Friedrich's Tode blieb, bedarf kaum der Erwähnung.

So ward Maupertuis, wenn wir, wie billig, Gundling übergehen, nach Leibniz unser erster Praesident, und insofern der Glanz der wissenschaftlichen Thaten eines Akademikers vor seinem Eintritt in die Akademie dieser zu Gute kommt, gehörte von da ab die nordische Gradmessung gleichsam mit zu den Ruhmestiteln unserer Körperschaft. Es war vielleicht nicht unnütz, obschon ein *Éloge* Maupertuis' von Formey in unseren Denkschriften steht,[21] einmal wieder in unserem Kreise seines jugendlichen Aufschwunges und des siegreich von ihm ausgefochtenen Streites zu gedenken, da von hier ab sein Leben minder erfreuliche Bilder darbietet, welche bis auf den heutigen Tag jene frühere Lichtperiode überschattet haben.

Vier Jahre lang regierte nun Maupertuis mit fester Hand, und, wenn auch in steter Fühlung mit dem Königlichen Protector, doch so gut wie unbeschränkt, die in den geschickt von ihm geschaffenen Formen neugeborene Akademie, in welcher er übrigens schon mehrere bedeutende Männer vorfand, neben Leonhard Euler den Erfinder des Sonnenmikroskops Lieberkühn, Marggrav, den Entdecker des Rübenzuckers, Gleditsch, der durch Befruchtung der Palme in unserem botanischen Garten mit Leipziger Blüthenstaub die geschlechtliche Fortpflanzung der Phanerogamen bewies. An der Tafelrunde von Sans-Souci ragte MAUPERTUIS durch schlagfertigen Witz, lebhaft vorgetragene kühne Gedanken, mannigfaltige Kenntnisse und Anschauungen hervor. Durch FORMEY erfahren wir, wie sein Rath auch in Dingen gehört wurde, welche ihm scheinbar sehr fern lagen, wie denn die schöne Inschrift auf dem 1748 erbauten Invalidenhause: *Laeso et invicto militi*, von ihm herrührt.[22] Die lateinischen Wahlsprüche zu vielen seiner Schriften zeigen, dass er nicht umsonst die römischen Dichter auswendig wusste, und in dieser Hinsicht bediente er den König besser als später trotz seinem classischen Beinamen QUINTUS ICILIUS.

Näher lag es indessen natürlich, dass MAUPERTUIS, als sein jüngerer Landsmann LA METTRIE wegen seines *l'Homme machine* flüchtig ward, seinen Einfluss beim Könige für ihn verwendete; doch macht es ihm Ehre, dies unbekümmert um die ihm vielleicht daraus erwachsende Nebenbuhlerschaft gethan zu haben. Im Februar 1748 kam LA METTRIE nach Potsdam, eroberte im Fluge FRIEDRICH's Gunst, besserte aber nicht seinen Ton, sondern schrieb von hier aus unter Anderem gegen ALBRECHT VON HALLER in Göttingen das frevelhafte Pamphlet: *Le petit homme à longue queue*, über welches HALLER bei MAUPERTUIS sich in einem Briefe bitter beschwerte, der LA METTRIE nicht mehr am Leben traf. Vergeblich bemühte sich MAUPERTUIS, HALLER nach Berlin zu ziehen; es spricht aber für seinen richtigen Blick, dass es nicht seine Schuld gewesen ist, wenn die *Elementa Physiologiae Corporis humani* nicht, wie in diesem Jahrhundert das 'Handbuch der Physiologie des Menschen für Vorlesungen', von Berlin ausgingen.

Der Berner Patrizier, der gottesfürchtige HALLER, der nicht bloss grosser Physiologe, sondern auch deutscher Dichter war, wird wohl gute Gründe gehabt haben, seine ruhige Universität und eben erblühende Societät der Wissenschaften nicht mit einem halb höfischen Wirkungskreise und mit dem Brennpunkt einer Cultur zu vertauschen, welche deutsche Litteraturbestrebungen grundsätzlich verschmähte, und von aussen betrachtet als ein abstossendes Gemenge von Freigeisterei und gallischer Spottsucht erscheinen mochte. Man würde aber sehr irren, wenn man sich MAUPERTUIS' Sinnesart ähnlich der der späteren Encyklopaedisten, etwa eines HOLBACH oder HELVETIUS, vorstellte. Er war nichts weniger als Materialist und Atheist, und nach zahlreichen, überall wiederkehrenden Aussprüchen in seinen Schriften zu urtheilen, eher ein tief religiöser Charakter. Nicht einmal an äusseren Zeichen kirchlicher Gesinnung liess er es fehlen. Am 24. December 1734 begleiteten MAUPERTUIS und CLAIRAUT Madame DU CHÂTELET zur mitternächtlichen Messe in die festlich erleuchteten Kirchen, doch scheint dies mehr ein hergebrachtes Weihnachtsvergnügen gewesen zu sein.[23] Wenn dann in Lappland MAUPERTUIS den Abbé OUTHIER Messe lesen liess, sobald bekannt geworden war, dass dies bei der protestantischen Umgebung nicht zuviel Anstoss erregen würde, so mag er dies aus Anstandsrücksichten gethan haben. Allein MAUPERTUIS betrieb eifrig den Bau der hiesigen katholischen Kirche, ja er correspondirte darüber mit Papst BENEDICT XIV.; und als er in Sans-Souci mit dem Marquis D'ARGENS das

Zimmer theilte, war dieser nicht wenig erstaunt, ihn knieend sein Nachtgebet verrichten zu sehen.[24]

In der Akademie hielt Maupertuis bei verschiedenen Gelegenheiten gedankenreiche und schöngeformte Reden, unter welchen die zur Begrüssung de La Lande's auszuzeichnen ist, der 1751 von der Französischen Regierung nach Berlin geschickt war, um hier zu de La Caille's Beobachtungen am Cap der guten Hoffnung correspondirende Beobachtungen zur Bestimmung der Mondparallaxe anzustellen. Maupertuis verfasste auch 1749 einen *Essai de Philosophie morale*, so pessimistisch angehaucht, dass man dafür den Titel vorschlug: *Traité sur le bonheur par un homme malheureux*. Es scheint in der That, dass obgleich bis hierher sein Leben sich als eine Kette von Glücksfällen darstellt, neuerdings oft eine düstere Stimmung jene freudige Laune überwölkte, mit der wir ihn den Beschwerden des Lappländischen Winters trotzen sahen. Eine andere Studie, welche wiederum die Mannigfaltigkeit seiner geistigen Neigungen darthut, handelt in zwei Aufsätzen vom Ursprung der Sprache, der Bedeutung der Worte und der Möglichkeit einer Universalsprache. Er kam auch noch einmal auf seine Theorie der Generation zurück in einem *Essai sur la formation des Êtres organisés*, welchen er zuerst, um ganz unerkannt zu bleiben, als Inaugural-Dissertation eines Dr. Baumann in Erlangen lateinisch herausgab. Wenn er in der *Vénus physique* die alte hippokratische Hypothese der Pangenesis nahe gestreift hatte, so trug er hier eine Vorstellung vor, die in unseren Tagen bei gewissen Confusionsräthen wieder aufgetaucht ist, nämlich die, dass die Atome der Materie mit einer Art dumpfen Bewusstseins, mit Hass, Liebe und Gedächtniss begabt seien, und sich demgemäss zweckmässig bewegen, verbinden, abstossen, ordnen; und er lässt es sich angelegen sein, diese Lehre mit der positiven Religion in Einklang zu bringen. DIDEROT erwies dem pseudonymen Dr. Baumann die Ehre, seine Phantasien zu bekämpfen.

Um das Bild von MAUPERTUIS' bunt schillernder Persönlichkeit zu vervollständigen, mag auch die Sonderbarkeit nicht unerwähnt bleiben, dass er sich durch einen Neger bedienen liess, den er Orion getauft hatte, und dass sein Haus in der Nähe des Thiergartens eine von allerlei Gethier wimmelnde, von Gebell, Gekreisch und Gezwitscher wiederhallende Arche Noah war. Er hielt sich diese, für seine Besucher manchmal recht unbequeme Gesellschaft aber nicht bloss zum Vergnügen, sondern auch zu Versuchen über Racenkreuzung.[25]

In diesem immerhin friedlich gedeihlichen Zustand brachte ein unerwartetes und scheinbar weitab gelegenes Ereigniss plötzlich eine folgenreiche Erschütterung hervor. VOLTAIRE war zwar mittlerweile schon einmal, im Herbst 1743, auf kurze Zeit hier gewesen, eine politische Sendung aber, mit welcher er sich unkluger Weise befasste, hatte ihn damals dem Könige gegenüber in eine falsche Lage gebracht, und seine Verbindung mit der *Divine Émilie* fesselte ihn ohnehin in ihrer Nähe. Da starb, am 10. August 1749, Madame DU CHÂTELET im Wochenbette, und nichts hielt mehr VOLTAIRE davon ab, FRIEDRICH's dringenden Einladungen nachzugeben.

Im Juli 1750 erschien er in Potsdam. Obschon er und MAUPERTUIS sich anfangs noch in ganz angenehmer

Form begegneten, konnte es nicht fehlen, dass ihr Einvernehmen bald in wachsende Entfremdung sich verkehrte. Für einen Mann von MAUPERTUIS' starkem Selbstbewusstsein in der Wissenschaft und nicht geringeren Ansprüchen in der Gesellschaft war es nicht erfreulich, sich durch den überlegenen litterarischen Ruhm und das mächtige Talent VOLTAIRE's in den zweiten Rang gedrängt und verdunkelt zu sehen. Andererseits für einen Mann von VOLTAIRE's liebloser Selbstsucht und nur zu oft bewiesener wenig edler Gesinnung waren MAUPERTUIS' sichere Machtstellung an der Spitze der Akademie und das ihm vom Könige geschenkte Vertrauen von dem Augenblick an, wo er die Lage übersah, der Gegenstand heimtückischer Missgunst. Es ist behauptet worden, dass VOLTAIRE von vorn herein den Plan verfolgt habe, MAUPERTUIS beiseite zu schieben und sich an seinen Platz zu setzen. In Paris war ihm, trotz MAUPERTUIS' Bemühungen, der in ihm einen Ersatz für den alternden FONTENELLE zu sehen glaubte, die *Académie des Sciences* verschlossen geblieben. Praesident der Berliner Akademie zu heissen, wäre für ihn kein kleiner Triumph und keine zu verachtende Genugthuung gewesen. Doch scheint es nicht, dass seine Treulosigkeit, wenigstens mit vollem Bewusstsein, gleich anfangs so weit ging. Wie dem auch sei, nicht lange darauf fiel VOLTAIRE über seinen alten Freund MAUPERTUIS, den er einst in einem zierlichen, unter sein Bild gesetzten *Quatrain* hoch gefeiert hatte, mit so grimmigem Hass und so ausgesuchter Bosheit her, dass, wenn er wirklich auf seinen Sturz sann, um davon Nutzen zu ziehen, er über das Ziel hinausschoss; denn er bezahlte die ihm zugefügten Kränkungen mit dem Verlust seiner eigenen Stellung und mit einem dauernden Makel auf seinem litterarischen Schilde. Die Geschichte dieses Conflictes, dessen Lärm Jahrzehnte erfüllte, und selbst in unseren Tagen noch dann und wann einen Nachklang vernehmen lässt, ist einestheils so verwickelt, anderentheils wurde sie schon so oft und gut erzählt, dass es genügen muss, wenn sie hier nur in ihren Grundzügen wiederholt wird. In dem Maasse, wie die streitige Frage einem viel weiteren Kreise von Schreibern und von Lesern zugänglich war, als die gleichfalls so berühmte Controverse über die Erfindung der Infinitesimalrechnung, und wie noch allgemeiner bekannte und interessante Personen dabei mitspielten, — statt Newton und Leibniz, Friedrich und Voltaire, — in demselben Maasse ist die Litteratur über unseren Gegenstand eine umfangreichere, ja kaum zu erschöpfende, und mit dem Verzeichniss der *Maupertuisiana*,[26] der *Démêlés de M. de Maupertuis* könnte man ganze Seiten eines antiquarischen Kataloges füllen.

Neben den zuletzt aufgezählten Arbeiten Maupertuis' gingen andere einher, welche mehr seinem eigentlichen Gebiet angehörten und denen er selber auch eine ungleich bedeutendere Tragweite beimaass. Schon 1740 hatte er unter dem Namen *Loi du repos* eine allgemeine Bedingung dafür angegeben, dass ein von Centralkräften sollicitirtes materielles System sich im Gleichgewichte befinde, und schon in dieser Aufstellung kommt es vor, dass die Summe gewisser Ausdrücke, welche man für jede Masse des Systemes zu bilden hat, ein Minimum sein müsse. Aehnliche Betrachtungen beschäftigten ihn offenbar fort und fort, indem er suchte, wie durch jenes

Gesetz für die Statik, auch für die Dynamik eine allgemeine Bedingung zu finden, durch deren Erfüllung Bahn und Geschwindigkeit einer bewegten Masse eindeutig bestimmt würden. Dem von LEIBNIZ aufgestellten Princip von der Erhaltung der Kraft sprachen die Newtonianer die ihm zugeschriebene Bedeutung ab, weil es im Stoss absolut harter Körper sich nicht bewähre, also das LEIBNIZische Gesetz der Continuität und die Annahme, dass alle Körper elastisch seien, als unbewiesene Hypothesen fordere. Es findet sich aber bei LEIBNIZ ausser dem Begriff der lebendigen Kraft, auf welchen er sein von dem Cartesischen abweichendes Kräftemaass und die Erhaltung der Kraft gründete, auch noch der Begriff der Action, worunter er das Product aus der sich bewegenden Masse in den durchlaufenen Raum und die Geschwindigkeit, oder das Product aus der Zeit in die lebendige Kraft verstand.[27] Begriff und Namen der Action entnahm MAUPERTUIS, wie er selber sagt, bei LEIBNIZ, fügte aber im April 1744 die wichtige Bemerkung hinzu, dass die zu den in der Natur geschehenden Veränderungen verwendete Menge von Action stets ein Minimum sei, so dass man aus der Bedingung für das Minimum Bahn und Geschwindigkeit der bewegten Masse eindeutig erhalte. Dies war MAUPERTUIS' grosses *Principe de la moindre action*, um welches seine Lebensgeschichte fortan sich wesentlich dreht.

Das Beispiel, an welchem er seinen Satz zu beweisen unternahm, war nicht glücklich gewählt. Zwar leitet er daraus durch eine elegante Entwickelung das Brechungsgesetz für das Licht ab, und ist nicht wenig befriedigt durch das Ergebniss, dass die Sinus des Einfalls-

und des Brechungswinkels sich zu einander umgekehrt verhalten sollen, wie die Geschwindigkeiten in den beiden Medien, dass also beispielsweise beim Uebergang des Strahles von Luft in Wasser der Strahl zum Einfallsloth gebrochen werde, weil die Geschwindigkeit im Wasser grösser sei, als in der Luft. Bekanntlich war dies NEWTON's Lehre, dessen Emissionstheorie die Brechung in scheinbar so einleuchtender Weise dadurch erklärte, dass in der Nähe der Grenzfläche das durch den dichteren Körper angezogene Lichttheilchen von seiner geradlinigen Bahn abgelenkt werde und mit vermehrter Geschwindigkeit in dem dichteren Körper sich fortbewege. Nach der Undulationstheorie dagegen ist die Geschwindigkeit des Lichtes in den dichteren Körpern kleiner als in den minder dichten, und der thatsächliche Nachweis dieses schon von FERMAT angenommenen Verhaltens ist nach ARAGO's Vorschlage mit WHEATSTONE's kreisendem Spiegel der Experimentirkunst LÉON FOUCAULT's wirklich gelungen.

MAUPERTUIS konnte von diesem Fehlschlage seines Principes noch nichts ahnen, da selbst EULER, welcher die Emissionstheorie verwarf und sich eine Undulationstheorie zurecht gelegt hatte, darüber nicht im Klaren gewesen zu sein scheint. Vielmehr glaubte MAUPERTUIS in einer ihm über Alles werthen Richtung einen Sieg ohne Gleichen errungen zu haben. Er behauptete nämlich, dass das Princip der kleinsten Action den sichersten und unwiderleglichsten Beweis für das Dasein Gottes abgebe, als ein Zeichen seiner vollkommenen Weisheit und Allmacht in Erschaffung einer Welt, worin alle Veränderung mit einem möglichst geringen Aufwand von Action geschehe. Als wenn in einer als blosser Mechanismus gedachten Welt ohne Gott es anders zugehen, irgend etwas Anderes als das Nothwendige geschehen könnte, und nicht gerade das Ueberflüssige, des zureichenden Grundes Entbehrende undenkbar wäre. Mehrere Jahre lang brütete Maupertuis über diesem vermeintlichen Funde, dann machte er ihn bekannt in seinem *Essai de Cosmologie* vom Jahre 1750, in welchem er zuerst, ein höchst unbedachtes Beginnen, alle übrigen Beweise für das Dasein Gottes als kraftlos und hinfällig verurtheilt, und dann jene seltsame Behauptung aufstellt. Auch von dem Beweise für das Dasein Gottes aus dem äusserlich angepassten und innerlich zweckmässigen Bau der Thiere, dem bekannten Schlusse von der Uhr auf den Uhrmacher, will er nichts wissen, weil es sich von selbst verstehe, dass nur solche Thierformen sich erhalten hätten, welche zufälligerweise äusserlich angepasst und innerlich zweckmässig waren. Dass, wie Dove bemerkte, ein Pfauenschwanz oder das Gefieder der prächtigen Menure schlecht zur Sparsamkeit der Natur stimme, welche in dem Princip der kleinsten Action gipfeln sollte, scheint Maupertuis nicht aufgefallen zu sein.[28]

Als die Dinge soweit gediehen waren, betrat eine andere Figur die Bühne. Samuel König, den wir in Cirey als Madame du Châtelet's Lehrer verliessen, mit welcher er sich übrigens gelegentlich überworfen hatte, war eine Zeit lang Professor der Mathematik in der kleinen holländischen Universität Franeker gewesen und dann Bibliothekar und Hofrath des Erfstadhouder's, Prinzen Wilhelm's IV. von Oranien, im Haag geworden. Maupertuis hatte ihn mit Madame du Châtelet ausgesöhnt, und auch von hier aus nicht aus den Augen verloren, vielmehr ihn zum auswärtigen Mitgliede der Akademie gemacht. Seinerseits hatte es König nicht an Beweisen von Ergebenheit und Erkenntlichkeit fehlen lassen. Er gab 1741 eine deutsche Uebersetzung von Maupertuis' Schrift über die Gestalt der Erde heraus, welche von seiner Hochachtung zeugt.[29] Jetzt benutzte er die Freiheit, welche der frühe Tod des Stadhouder's ihm liess, um nach Berlin zu kommen, theils um sich bei Maupertuis zu bedanken, theils jedoch noch zu einem anderen Zweck. Von Maupertuis freundlich aufgenommen, fand er bald Gelegenheit ihm die unangenehme Eröffnung zu machen, dass er sein Princip der kleinsten Action für unrichtig halte, und überreichte ihm das Manuscript einer Abhandlung, in der er seine Bedenken entwickelt hatte, mit der Bitte, davon Kenntniss zu nehmen, und mit dem Ausdruck seiner Bereitwilligkeit, sie zu unterdrücken, falls ihre Veröffentlichung ihm irgend unerwünscht sein sollte. Maupertuis gab das Manuscript ungelesen und in ziemlich hochfahrender Weise mit dem Bemerken zurück, dass König es nur drucken lassen solle. König verliess Berlin missgestimmt, und im Märzstück 1751 der Leipziger *Nova Acta Eruditorum* erschien die Abhandlung, deren Schluss, wie sich zeigte, denn doch geeignet war, Maupertuis auf das Empfindlichste zu treffen. Dieser Schluss bestand in einem Bruchstück eines von Leibniz angeblich an den Mathematiker Jacob Hermann gerichteten Briefes. Leibniz wiederholt darin seine Begriffsbestimmung der Action und setzt hinzu, dass er bemerkt habe, wie in den Veränderungen der Bewegung diese Action gewöhnlich ein Maximum oder ein Minimum werde, aus welcher Bemerkung sich mehrere wichtige Folgen ergäben; man könnte mit ihrer Hülfe die Curven bestimmen, welche durch einen oder mehrere Mittelpunkte angezogene Körper beschreiben. So war MAUPERTUIS seines Satzes, seines Stolzes und seiner Freude, scheinbar doppelt beraubt: erstens sollte dieser Satz, wie er ihn formulirt hatte, falsch, und zweitens sollte er, soweit er richtig war, von LEIBNIZ sein.

Was die Richtigkeit und Wichtigkeit des Satzes betrifft, so wurde zwar dessen Unhaltbarkeit in seiner ursprünglichen Gestalt von dem Pariser Akademiker Grafen PATRICK D'ARCY ausser Zweifel gesetzt, dagegen fand MAUPERTUIS einen mächtigen Beistand an EULER, welcher das Princip wesentlich umformte, und dann an mehreren Beispielen die Uebereinstimmung des daraus gefolgerten Ergebnisses mit dem nach den gangbaren Regeln der Dynamik erhaltenen darthat. Es wird angemessen sein, hier sogleich von den späteren Schicksalen des Principes zu erwähnen, dass es, trotz diesen unsicheren Anfängen, doch im Laufe der Zeit als der Keim einer äusserst wichtigen, die Grundlage der Bewegungslehre bildenden Einsicht sich erwies. Der jugendliche LAGRANGE gestaltete 1760, noch in Turin, das Princip so, dass es nach JACOBI's Ausspruch in seinen Händen die Mutter unserer ganzen analytischen Mechanik ward. Fünfundsiebzig Jahre später stellte dann Sir WILLIAM ROWAN HAMILTON ein noch allgemeineres und fruchtbareres Princip auf, welches in LAGRANGE's Princip gleichsam latent gewesen war, so dass JACOBI davon sagte, es sei diese ganze Zeit lang zugleich entdeckt und verborgen gewesen. JACOBI selber, neuerlich Hr. ADOLPH MAYER in Leipzig[30] und ganz kürzlich Hr. von Helmholtz[31] haben sich mit dem Princip der kleinsten Action beschäftigt, welches durch Letzteren sein Licht sogar in Gebiete von Erscheinungen wirft, von denen Maupertuis sich noch nichts träumen liess, wie das der Elektrodynamik. Eine Theorie, die anderthalb Jahrhunderte lang den ersten Mathematikern ihrer Zeit Gegenstand des Nachdenkens und Forschens ward, nicht gleich im ersten Anlauf vollkommen richtig formulirt und nach allen Richtungen durchschaut zu haben, wird ja wohl Maupertuis kaum zu ernstem Tadel gereichen. Hätte er nicht seinem Princip jene höchst fremdartige Bedeutung als Beweis für das Dasein Gottes beigelegt, welche seinen Gegnern einen willkommenen Angriffspunkt bot, so wäre die Aufstellung des Principes an sich ihm gewiss als hohes Verdienst angerechnet worden.

Allein für ihn selber, wie wir bei dieser Gelegenheit ihn kennen lernen, für den herrisch stolzen, in eitlen Träumen sich wiegenden Maupertuis, sprang in König's Angriff ein ganz anderer Punkt mit überwältigender Stärke hervor. Es war die als dürre Thatsache mitgetheilte Nachricht, dass Leibniz das Princip schon besessen, und in kurzen Worten, freilich nur brieflich, soviel davon gesagt habe, wie nun nach ihm Maupertuis. So nämlich deutete dieser selber das Bruchstück des Leibnizischen Briefes, welches doch für jeden Unbefangenen nichts weiter zeigte, als das Leibniz Maupertuis in dem Gedanken zuvorkam, zu versuchen, was bei Behandlung der Action nach der Methode der Maxima und Minima aus ihr werde, in dem Ergebniss dieser Untersuchung aber gänzlich von Maupertuis abwich. Hätte Letzerer sich damit begnügt, diese Abweichung festzustellen, so wäre

Alles gut gewesen; in unseliger Verblendung aber begann er um seine, wie er meinte, gefährdete Priorität den oben erwähnten, mit unerhörter Erbitterung geführten Streit.

Zunächst verlangte er von König, dass er die Urschrift jenes Briefes vorlege. Nach langem Zögern kommt heraus, dass König nur eine Abschrift besitzt, welche von dem in Bern am 16. Juli 1749 als Staatsverbrecher enthaupteten Samuel Henzi herstammt, dessen Umtrieben König nicht ganz fremd geblieben war, so dass er nicht nach der Schweiz zurückkehren durfte. Nun wurden, um der Urschrift habhaft zu werden, die unglaublichsten Anstrengungen gemacht. König, von der Akademie durch Formey wiederholt aufgefordert, Maupertuis seinerseits, lassen in Bern und Basel alle erdenklichen Winkel danach durchstöbern. Friedrich selber lässt die Berner Herren zu Nachforschungen in ihren Archiven anspornen, und wir haben erst unlängst durch Hrn. Dr. J. H. Graf aus dem Geheimen Manual der Stadt Bern erfahren, wie bereitwillig jene dem Wunsche des freundnachbarlichen Fürsten von Neuchâtel und Valengin nachkamen, was aber zu nichts führte, da schon im December 1749 sämmtliche 'Briefschaften in Original und Copien' aus Henzi's Nachlass verbrannt worden waren.[32] So blieb Alles vergeblich, das Original des verhängnissvollen Schriftstückes kam nicht zum Vorschein. Nun geschah etwas ebenso Befremdliches wie Bedauerliches. Die Akademie, durch Maupertuis fortgerissen, setzt sich zu Gericht in dieser Sache, in der sie doch auch zur Partei gemacht war, und spricht am 13. April 1752 das Urtheil, dass der von König angeblich an's Licht gezogene Brief Leibnizens an Hermann eine Fälschung sei, zu dem Zweck entweder Maupertuis zu schaden, oder Leibnizens Ruhm zu erhöhen.

An diesem Urtheil hat allem Anschein nach Euler den grössten Antheil gehabt. Nach einhundert und vierzig Jahren darf wohl von dieser Stelle, von welcher es erging, ohne die Pietät gegen unsere Vorgänger auf diesen Sesseln zu verletzen, ausgesprochen werden, dass sie bei dessen Fällung sich einer schwer verständlichen Uebereilung schuldig gemacht haben. Der fragliche Brief ist aus Hannover 1707 angeblich an Hermann geschrieben, also in dem Jahre, wo dieser von Basel nach Padua übersiedelte. Welche zahllosen Möglichkeiten für das Verlorengehen der Urschrift bot nicht dieser Zeitraum von fünfundvierzig Jahren. Den undenkbaren Fall gesetzt, dass ein bis dahin unbescholtener Mann wie König aus so nichtigen Beweggründen solche Missethat planen könnte, den denkbaren sodann, er hätte Leibnizens Manier so vollkommen nachzuahmen vermocht, dass in dieser Hinsicht nie ein Zweifel an der Aechtheit des Briefes laut ward: diese beiden Fälle gesetzt bliebe doch unbegreiflich, dass er erstens den Brief französisch schrieb, da Leibniz lateinisch mit Hermann correspondirte, und dass er zweitens Leibniz einen Brief unterschob, der gar nicht zu dem Charakter des Verkehrs zwischen beiden passt.[33] Von König's Seite war auch nicht der Schatten eines Verdachtes auf Maupertuis geworfen worden, dass dieser den Leibnizischen Brief gekannt und Plagiat begangen habe; ihm blieb die volle Selbständigkeit bei Aufstellung seines Principes gewahrt. Die Geschichte der Erfindung der Differentialrechnung hatte erst eben an einem hervorragenden Beispiel gezeigt, wie gleichsam in der Luft schwebende Entdeckungen fast gleichzeitig von Mehreren unabhängig von einander gemacht werden können. Warum also sollte nicht auch LEIBNIZ, der den Begriff der Action gebildet hatte und in der Methode der Maxima und Minima als ein Haupt-Erfinder völlig zu Hause war, nicht so gut wie MAUPERTUIS auf die Idee gekommen sein, zu untersuchen, was unter gegebenen Bedingungen aus der Action werde?

Alles dieses konnte bei einiger Besonnenheit die Akademie sich schon damals mit gleicher Sicherheit sagen, wie heute wir. Wir sind aber in Stand gesetzt, wenigstens noch Einen Schritt weiter zur Aufklärung dieses Wirrsals zu thun. Der tiefste LEIBNIZ-Forscher und -Kenner, unser correspondirendes Mitglied, Hr. C. I. GERHARDT, jetzt in Halle, hat die grosse Güte gehabt, dem Redner Folgendes mitzutheilen, und ihm zu erlauben, hier davon Gebrauch zu machen.

„Ich habe einmal irgendwo gefunden," schreibt Hr. GERHARDT, „dass der bekannte Nürnberger Litterarhistoriker VON MURR, der in den letzten Jahrzehnten des vorigen Jahrhunderts Nachforschungen über die LEIBNIZische Correspondenz in Hannover und London anstellte, berichtet, er habe von der Tradition gehört, dass der fragliche Brief an VARIGNON gerichtet wäre. Diese Angabe stimmt merkwürdig mit der vorhandenen Correspondenz zwischen LEIBNIZ und VARIGNON; sie ist sehr vollständig vorhanden und von mir im vierten Bande von LEIBNIZens mathematischen Schriften veröffentlicht;[34] nur um die Zeit, aus welcher der fragliche LEIBNIZische Brief datirt ist (16. October 1707), ist eine Lücke in der Correspondenz. Zu bemerken ist, dass LEIBNIZENS Erwähnung der Gesundheit VARIGNON's im Anfang des Briefes mit den Angaben im vorhergehenden Briefe VARIGNON's vom 3. September stimmt."

VARIGNON war bekanntlich der Pariser Akademiker, der mit dem Marquis DE L'HÔPITAL zuerst in Frankreich dem neuen Calcül Bahn brach. Wie eine Abschrift von LEIBNIZENS Brief an ihn in KÖNIG's Hände gelangte, bleibt freilich dunkel. SAMUEL HENZI, dessen tragisches Geschick LESSING noch im Jahre seiner Hinrichtung zum Gegenstand eines unvollendet gebliebenen Trauerspieles in gereimten Alexandrinern machte, war kein blosser politischer Verschwörer, sondern ein litterarisch sehr gebildeter Mann und leidenschaftlicher Sammler auch von Autogrammen. Sein Schwager, der Chirurg WERNIER in Amsterdam, und seine Söhne RUDOLPH und KARL HENZI bezeugten, dass KÖNIG von dem Verstorbenen LEIBNIZische Briefe käuflich erworben habe, und dass die Abschriften in KÖNIG's Besitz von SAMUEL HENZI's Hand seien. Die Frage wäre also, wie HENZI zu den LEIBNIZischen Briefen an VARIGNON gekommen sei. Die Hannoversche Bibliothek befand sich eine Zeit lang in schlechten Händen, unter dem übel berufenen Mineralogen und Litteraten RASPE, dem Herausgeber der Münchhausen'schen Lügengeschichten, welcher später als Aufseher des Churfürstlichen Antiquitäten- und Münz-Cabinets zu Cassel wegen begangener Unterschleife nach England floh. Die Annahme lag nahe, dass er HENZI LEIBNIZische Autogramme verkauft habe, die dann mit dessen Papieren vernichtet worden seien. Allein zur Zeit von HENZI's Hinrichtung war RASPE höchstens dreizehn, zu der des Auftauchens des LEIBNIZischen Briefes bei König höchstens fünfzehn Jahre alt; er wurde erst 1764, fünf Jahre nach Maupertuis' Tode, Bibliotheksecretär in Hannover, und kam auch schon 1767 nach Cassel. Es ist also nicht daran zu denken, dass er in irgend einer Weise in den Maupertuis-König'schen Streit eingegriffen habe, und es wird wohl überhaupt darauf zu verzichten sein, die Herkunft von König's Leibnizischen Briefen völlig zu ergründen.[35]

Ebenso räthselhaft bleibt schliesslich, dass König den viel besprochenen Brief als an Hermann gerichtet bezeichnete, und dass noch dazu der erste Abdruck, den er davon gab, einen handgreiflichen, nur durch völlige Unkenntniss oder durch die grösste Unachtsamkeit erklärbaren Fehler enthielt. Dies kann jedoch um so weniger den Verdacht einer Fälschung gegen ihn verstärken, je weniger einzusehen ist, welchen Vortheil er sich davon hätte versprechen können.

König antwortete auf den Urtheilsspruch der Akademie, indem er ihr sein Diplom zurückschickte. Was Maupertuis betrifft, so hatte er wenig Grund sich seines Sieges zu freuen. Ein Sturm der Entrüstung ging durch die wissenschaftliche Welt, und wandte sich gegen ihn persönlich, dessen Missbrauch seiner Macht als Praesident man König's Vergewaltigung zuschrieb. Unter der Fluth von Streit-, Spott- und Schmähschriften, welche dieser Vorgang erzeugte, sind zwei hervorzuheben: erstens König's eigener *Appel au public du jugement de l'Académie*, ein bei aller Lebhaftigkeit doch nicht maassloses, sondern, wie man nur sagen kann, nach Inhalt und Form lobenswerthes Actenstück, dem der angeblich gefälschte Brief nunmehr vollständig beilag, freilich nicht urschriftlich, doch mit allen inneren Merkmalen der Aechtheit, und begleitet von mehreren anderen, gleichfalls zweifellos ächten Leibnizischen Briefen; zweitens ein aus Berlin unter dem 18. September 1752 von einem ungenannten Berliner Akademiker an einen gleichfalls ungenannten Pariser Akademiker als Antwort auf eine fictive Anfrage geschriebener Brief, in welchem die Maupertuis-König'sche Streitfrage im König'schen Sinne ebenso bündig wie schneidig besprochen wird, und dessen Urheber wir sogleich die Maske lüften werden.

Zu Maupertuis' Vertheidigung fand sich lange Niemand bereit. Da endlich erhob sich eine Stimme, welche allerdings für viele zählte: zuerst auch unter der Maske eines an einen Pariser Akademiker schreibenden Berliner Akademikers, dann aber in einer den Königlichen Briefsteller verkündenden Ausgabe mit dem Preussischen Adler und der Devise *Suum cuique* erschien von Friedrich's eigener Hand eine Schutzrede für Maupertuis. Beim besten Willen greift diese leider nur darin fehl, dass sie die Angelegenheit allzu persönlich behandelt und einen etwas zu hohen Ton anstimmt. Auf wenigen Seiten nennt sie Maupertuis dreimal einen grossen Mann, und weil Berlin und Saint-Malo sich darum streiten könnten, seine Heimath zu sein, vergleicht sie ihn mit Homer, auf dessen Angehörigkeit sieben Städte Anspruch erhoben.

Der Rückschlag blieb nicht aus. Als wäre er der Pariser Akademiker, an welchen Friedrich's Brief scheinbar gerichtet war, schrieb wieder ein verlarvter Parteigänger König's eine Antwort, in welcher Friedrich's etwas lockerer Panegyricus mit rücksichtsloser Schärfe und unerbittlicher Logik Punkt für Punkt zerpflückt wurde. Der

Name dieses gefährlichen Gegners ist unseres Wissens nicht allgemeiner bekannt geworden;[36] übrigens verschwand seine That alsbald in dem sich nun für MAUPERTUIS nahenden Verhängniss.

VOLTAIRE sah mit schlecht verhehlter Schadenfreude diesem litterarischen Schlachtgewühl zu. Der Augenblick schien ihm gekommen, seinen eigenen Feldzug gegen den ihm so vielfach im Wege stehenden Nebenbuhler in FRIEDRICH's Gunst, im Einfluss in Berlin und Potsdam zu eröffnen. Schon die vorher erwähnte Antwort des Berliner Akademikers auf die fictive Anfrage aus Paris war erweislich aus seiner Feder, und ist später in seine Werke aufgenommen worden.[37] Aber wenn deren ernste und rein sachliche Haltung eine Zeit lang seinem Zweck entsprach, unerkannt zu bleiben, so genügte sie doch nicht zur Befriedigung seiner bösen Gelüste. Unglücklicherweise hatte gerade um diese Zeit, gegen Schluss des Jahres 1752, MAUPERTUIS eine Sammlung von Briefen ohne Adresse veröffentlicht, in welchen er über eine Menge von Dingen aus den verschiedensten Gebieten seine Gedanken leichthin mittheilt. Der letzte dieser Briefe, über den Fortschritt der Wissenschaften, zwar auch ohne Ueberschrift, ist sichtlich an den König gerichtet. Man kann nicht leugnen, dass sie unter einigem Geistreichen manche ausschweifende Einfälle bringen, welche MAUPERTUIS ohne Schaden hätte für sich behalten oder wenigstens sich besser überlegen können. Vermuthlich waren es solche Geistesblitze, mit welchen er FRIEDRICH's Tafelrunde zu ergötzen und zu blenden pflegte, und, wie er selber im ersten Briefe sagt, wählte er diese Form der Bekanntmachung, um desto ungebundener sich gehen lassen zu dürfen. VOLTAIRE stürzte sich darauf als auf eine willkommene Beute.

Ein Leibarzt Königs FRANZ I., seines Namens *Sans-Malice* überdrüssig, hatte ihn zu dem durch VOLTAIRE's Angriff auf MAUPERTUIS weltbekannt gewordenen **AKAKIA** graecisirt. Die Fabel der *Diatribe du Docteur Akakia, médecin du Pape,* ist folgende: Der Leibarzt des Papstes erklärt MAUPERTUIS' Werke und Briefe für ein dem erlauchten Praesidenten der Berliner Akademie untergeschobenes Machwerk eines leichtsinnigen und phantastischen jungen Menschen, und führt diesen wegen seiner Thorheiten auf das Schnödeste ab. Er übergiebt die Schriften dem hl. Officium, welches vor allen Dingen den *Essai de Cosmologie* wegen der Behauptung verdammt, dass es keinen anderen Beweis für das Dasein Gottes gebe, als eine mathematische Formel. Vom hl. Officium, welches bekennt, von dem übrigen Inhalt der Schriften nichts zu verstehen, werden sie immer noch als die eines jungen Unbekannten den Professoren der Sapienza zu Rom zur Censur übergeben, und von diesen auf das Boshafteste durchgehechelt. In späteren Zusätzen verwandelt sich dann die Person des jungen Menschen in die des Praesidenten selber; eine Sitzung der Akademie, das Trugspiel einer Versöhnung zwischen MAUPERTUIS und KÖNIG, angeblich unter dem 1. Januar 1753, schliessen die Scene.[38]

Dr. Akakia beginnt damit, die durch MAUPERTUIS gefährdeten Interessen des ärztlichen Standes in Schutz zu nehmen. MAUPERTUIS verlangte nämlich, dass es besondere Aerzte für jede Krankheit gäbe, so dass man so viel verschiedene Aerzte zu Hülfe rufen müsste, wie man verschiedene Leiden habe. Er hat also einigermaassen die heutige Specialisirung der ärztlichen Kunst vorhergesehen. Allein der Arzt soll nach ihm nur bezahlt werden, wenn die Cur anschlug. Bei der Rathlosigkeit unserer Medicin so vielen Leiden gegenüber solle man doch, wie es in Aegypten geschehe, die Kranken mit Pech überziehen um die Schweissabsonderung zu verhindern, oder, wie in Japan, sie mit langen Nadeln durchstechen. Nach dem Vorschlage eines Mathematikers solle man versuchen, durch Centrifugiren auf die Vertheilung des Blutes im Körper hinzuwirken, und dadurch einen Schlagfluss zu heilen. Auch hierin hat Maupertuis etwas Richtiges geahnt. Nach Wollaston beruht die Seekrankheit auf der Trägheit der Blutmasse, welche den Bewegungen des Schiffes nicht so schnell folgt wie der Körper. Im Anfang dieses Jahrhunderts wurde die Centrifuge sogar von mehreren Irrenärzten, insbesondere von E. Horn im hiesigen Charité-Krankenhause, bei der Behandlung von Geisteskranken angewendet, und in unseren Tagen hat Hr. Mendel am Hunde durch Centrifugiren zwar nicht eine Krankheit geheilt, wohl aber einen Zustand des Gehirns, der pathologisch vorkommt, mit seinen Symptomen künstlich erzeugt.[39] Nicht die Blüthe der Jahre, fährt Maupertuis beim Dr. Akakia fort, der Tod ist die wahre Reife des Organismus. Man würde das Leben verlängern können, wenn man den Vegetationsprocess des Körpers, was wir den Stoffwechsel nennen, hemmte. Durch Steigerung der Seelenkräfte könnte man hoffen in die Zukunft zu schauen. Die Astrologie sei nicht ganz zu verwerfen, Gold vielleicht wirklich zu machen. Maupertuis dringt auf anatomische Untersuchung der angeblich zwölf Fuss hohen Patagonier, besonders ihres Gehirnes, als ihrer Grösse wegen besondere Aufschlüsse über die Seele versprechend; ebenso gewisser behaarter Südseevölker, welche einen langen Schwanz hätten, und zwischen Mensch und Affen in der Mitte ständen. Er wünscht, dass man ein Loch bis zum Mittelpunkt der Erde abteufe, wogegen der Dr. Akakia nicht mit Unrecht bemerkt, dass dessen Mündung an der Erdoberfläche mindestens so gross sein müsste, wie ganz Deutschland. Er schlägt vor, eine lateinische Stadt zu gründen, um bessere Gelegenheit zur Erlernung der gelehrten Sprache zu schaffen. Auch wünscht er, dass man mit Pulver eine der aegyptischen Pyramiden sprenge, um deren Inneres blosszulegen, wozu es gewiss nicht schwer sein würde, die Erlaubniss des Grossherrn zu erhalten. Endlich schlägt er vor, zum Tode verurtheilte Verbrecher ihr Leben dadurch erkaufen zu lassen, dass man sie zu vivisectorischen Versuchen verwende, theils um an ihnen die Ausführbarkeit chirurgischer Operationen zu erproben, theils zu physiologischen Zwecken, beispielsweise um im Gehirn etwas über die Verbindung der Seele mit dem Körper zu ermitteln.

Das, und noch manches Aehnliche, ist der Stoff, den Voltaire mit unerschöpflicher Laune in immer neuen und packenden Wendungen zu giftigen Geschossen wider Maupertuis verarbeitete. Es ist unmöglich, von der feindselig zwingenden Gewalt dieser Polemik einen Begriff zu geben; man muss mit eigenen Augen die buntbefiederten Pfeile fliegen und dichtgedrängt in ihr Ziel einschlagen sehen. Das damalige Geschlecht von Gelehrten hat, wie es scheint, an diesen oft nicht sehr feinen Witzen seine

Freude gehabt, und selbst wir, die wir es gern mit Maupertuis hielten, können uns nicht immer eines Lächelns erwehren. Sieht man näher zu, so zeigt sich freilich, dass Voltaire erstens ohne irgend eine äussere Veranlassung seinen Streit mit Maupertuis vom Zaune bricht; dass er zweitens den Dr. Akakia nur sehr nebenher von dem Zank mit König reden lässt, von welchem Voltaire wohl nicht viel mehr verstand als das hl. Officium; und dass er drittens beim Wiedergeben von Maupertuis' Aufstellungen sich dreiste Uebertreibungen und Verdrehungen erlaubt, und hingeworfene Gedankenspäne behandelt, als wären es tief durchdachte, bedächtig vorgebrachte Lehrsätze.

Noch Einer hat sich, als er den Dr. Akakia zuerst Maupertuis abkanzeln hörte, dem Vernehmen nach sogar des Lachens nicht enthalten können, der König selber. Es ist sehr auffallend, und ein Beweis für Voltaire's Hass gegen Maupertuis wie für das Vertrauen, welches er zu seiner Macht über Friedrich hatte, dass er es wagte, den 'Akakia' nicht bloss zu schreiben, sondern sogar ihn dem Könige vorzulesen. Er hatte aber doch in der Lage sich gründlich getäuscht, und die Rechnung ohne den Wirth gemacht. Friedrich war wohl im Stande sich an der überraschenden Inscenirung und dem teuflischen Spott im 'Akakia' einen Augenblick zu ergötzen, er war aber viel zu taktvoll, und bei aller Vertraulichkeit mit Leuten wie Voltaire doch seiner königlichen Würde viel zu gut eingedenk, um zu gestatten, dass der von ihm berufene und zum Praesidenten seiner Akademie eingesetzte Gelehrte, dass die Akademie selber in den Staub gezogen würde. Das hätte Voltaire sich sagen können, und er musste nothgedrungen gute Miene zum bösen Spiel machen, als Friedrich ihn zwang, den 'Akakia' Blatt für Blatt, nachdem er es ausgekostet hatte, in's Kaminfeuer zu werfen.[40]

Eine eindringlichere Art, den Druck zu untersagen, konnte es nicht leicht geben. Wer aber beschreibt Friedrich's zorniges Erstaunen, als er ein paar Tage später erfuhr, dass Voltaire, im Besitz einer zweiten Abschrift, die ihm für eine andere Schrift ertheilte Druckermächtigung betrügerisch missbrauchend, den 'Akakia' in Potsdam hatte drucken lassen und die litterarische Welt damit überschwemmte. Die Antwort des Königs auf diese wortbrüchige Verhöhnung seines Verbotes war, dass, was sich noch von der Auflage vorfand, auf öffentlichem Platz in Berlin vom Henker verbrannt wurde. Am Sonntag den 24. December 1752 Nachmittags, als die Berliner ihre Weihnachtsbäume schmückten, sah Voltaire diesem Auto-da-fé auf dem Gensdarmenmarkte aus den Fenstern des Hauses Taubenstrasse 30 zu, wo er bei dem Hofrath de Francheville, einem von Friedrich berufenen französischen Akademiker, abgestiegen war.[41] Es war nicht das erste Mal, dass eine Schrift Voltaire's dies Geschick traf. Am 10. Juli 1734 wurden in Paris auf Befehl des Parlaments seine philosophischen Briefe aus England auch schon von Henkershand verbrannt. Ob er wohl jetzt mit so gutem Gewissen wie damals in die rächenden Flammen blickte?

So begann Friedrich's und Voltaire's Entzweiung. Sie erreichte ihre Höhe durch den bekannten, widrigen Handel zwischen Voltaire und Friedrich's plumpem Agenten Freitag in Frankfurt a. M., dessen Geschichte zuletzt von VARNHAGEN VON ENSE mit urkundlicher Genauigkeit erzählt worden ist.[42] Doch wurde noch nicht bemerkt, was der GOETHE-Forschung nicht unwichtig erscheinen kann, dass bei dieser Gelegenheit dieselben Mauern über Ein Monat lang VOLTAIRE und GOETHE als dreijähriges Kind umschlossen.

Es ist Zeit zu MAUPERTUIS zurückzukehren. Leider finden wir ihn in einem kläglichen Zustande. Ein schweres Lungenleiden, zum Theil vielleicht noch eine Folge der unmenschlichen Lappländischen Anstrengungen, angeblich genährt durch den übermässigen Genuss von Spirituosen, an den er sich damals gewöhnt hatte, war zum Ausbruch gekommen, und wiederholtes heftiges Blutspeien brachte ihn mehrmals an den Rand des Grabes. Unter diesen Umständen ist es nicht zu verwundern, dass er durch VOLTAIRE's tückischen Ueberfall auf das Aeusserste erregt wurde. Anstatt, was viel verlangt, aber doch das Klügste gewesen wäre, über den 'Akakia' mitzulachen, oder, wie MONTUCLA vorschlägt,[43] seinerseits VOLTAIRE die vielen lächerlichen Schnitzer in dessen naturwissenschaftlichen Schriften vorzuhalten, vergass er sich soweit, ihm körperliche Züchtigung anzudrohen, was diesem, bei seinem Aufenthalt in Leipzig auf dem Rückzuge von Potsdam, natürlich nur auf's Neue zu den ausgelassensten Spässen Anlass und Stoff bot. MAUPERTUIS that noch einen anderen, ebenso falschen Schritt, indem er sich an die Prinzessin von Oranien mit dem Ansinnen wandte, ihrem Bibliothekar den Mund zu stopfen.

Von hier ab war seine Gesundheit gebrochen und sein Geist gebeugt. Hochfliegender, in fast krankhafte

Ruhmsucht ausartender Ehrgeiz war doch wohl die beherrschende Leidenschaft seines Lebens, die Triebfeder seines Thuns und Schaffens gewesen. Wie diese ihn einst bei seinen Gradmessungsarbeiten zur mächtigsten Anspannung seiner Kräfte gestählt, später zu dem Umhertasten auf allerlei Gebieten gestachelt hatte, von denen er besser fern geblieben wäre, so liess sie ihn jetzt den ihm von Voltaire angethanen Schimpf mit einer an Irrsinn grenzenden Heftigkeit empfinden, um so tiefer, je weniger ihm verborgen blieb, dass seine Geisselung fast überall mit hämischem Behagen aufgenommen wurde. Er wäre kein Mensch gewesen, hätte es ihm nicht eine gewisse Genugthuung gewährt, seinen Todfeind durch dessen eigenes Vorgehen gestürzt und statt seiner aus Potsdam verbannt zu sehen. Einen besseren Trost konnte er indess schon darin finden, dass Friedrich nicht bloss brieflich ihn auf das Leutseligste aufzurichten suchte, sondern sogar persönlich ihn in Berlin besuchen kam. Doch hatte sein Selbstgefühl einen Stoss erlitten, von welchem er sich nie ganz erholte, und so, körperlich wie geistig nicht mehr er selber, siechte er muth- und freudlos weiter vor sich hin. Auf diesen Zustand Maupertuis' bezieht sich wohl die geringschätzende Aeusserung über ihn bei Chamfort.

Wie man sich leicht denkt, ist von wissenschaftlichen Leistungen Maupertuis' fortan nicht mehr viel die Rede. Zwar bringt bis 1756 noch jeder Band unserer Denkschriften eine Mittheilung von ihm. Er kam noch einmal zurück auf seine sprachwissenschaftlichen Theorien, seinen Beweis für das Dasein Gottes, seine Lehre von den Atomseelen, die er gegen Diderot vertheidigte, und schrieb auch in seiner Art über die Art das Leben grosser Männer zu schreiben. Seine bemerkenswertheste Arbeit aus dieser Zeit war das am 5. Juni 1755 in öffentlicher Sitzung hier verlesene *Éloge* MONTESQUIEU's als auswärtigen Mitgliedes der Akademie, durch welches er nicht allein seiner Verehrung für den Schriftsteller Ausdruck gab, sondern auch eine Schuld der Dankbarkeit abtrug, denn auf MONTESQUIEU's Betrieb war er Mitglied der *Académie française* geworden.

Er hatte Berlin im Frühjahr 1753 verlassen und verlebte ein Jahr ruhig in Paris und bei seiner Schwester in Saint-Malo. Im Juli 1754 zurückgekehrt, blieb er fast zwei Jahre hier, wurde aber kränker und kränker, und verliess im Juni 1756 Berlin abermals, diesmal für immer. Der siebenjährige Krieg brach aus, und MAUPERTUIS, als Franzose und doch zugleich Diener des Königs von Preussen, fand sich dadurch oft in die peinlichste Lage versetzt, abgesehen davon, dass FRIEDRICH jetzt an andere Dinge zu denken hatte als an die Akademie und ihren Praesidenten. Als MAUPERTUIS im Juni 1757 nach Ablauf seines Urlaubs von Saint-Malo über Hamburg nach Berlin zurückkehren wollte, war die See durch Englische Kreuzer gesperrt. Er begab sich nach Bordeaux, wo er Gelegenheit zu finden hoffte, sich unter neutraler Flagge nach Hamburg einzuschiffen, was aber nicht zur Ausführung kam, da ein Brief FRIEDRICH's eintraf, der seinen Urlaub verlängerte und ihm rieth nach Italien zu gehen. Der Eindruck, den er auf dem Wege dahin von den römischen Trümmern in Nîmes erhielt, erinnert an die ähnlichen Empfindungen JEAN-JACQUES ROUSSEAU's beim Anblick des *Pont-du-Gard*. Er muss sich aber schon zu krank gefühlt haben, um die Reise nach Italien fortzusetzen, denn er wandte sich wieder nordwärts in der Absicht noch einmal Berlin zu erreichen. Unterwegs brachte er einige Zeit in Neuchâtel bei FRIEDRICH's Freund dem Lord Marischal KEITH zu, bei welchem, nur drei Jahre später, ROUSSEAU Zuflucht fand. Von Neuchâtel gelangte er dann noch bis nach Basel, wo er bei seinem Freunde JOHANN BERNOULLI II. todkrank liegen blieb, und in dessen Hause am 27. Juli 1759 nach grausamen Leiden, unter allen für einen gläubigen Sohn der Kirche schicklichen Formen, starb. Seine Gemahlin war auf die ihr lange verheimlichte Nachricht von seinem Zustande in Begleitung des Berliner Akademikers BERNHARD MÉRIAN nach Basel geeilt, hatte aber den Schmerz, den Kranken nicht mehr bei Besinnung zu finden.[44] Zuerst auf dem katholischen Kirchhof zu Ober-Dornach im Canton Solothurn begraben, wurden MAUPERTUIS' sterbliche Ueberreste 1826 nach Frankreich übergeführt. In der Kirche von Saint-Roch in Paris, wo 1784 auch DIDEROT bestattet wurde, errichteten ihm seine Freunde 1766 ein künstlerisch verziertes Kenotaphion, mit einer seine Thaten lapidarisch, doch in ungewöhnlicher Ausführlichkeit verkündenden lateinischen Grabschrift von LA CONDAMINE, der ihm im Tode treu blieb, wie er ihm im Leben stets zur Seite gestanden hatte. Ein im hiesigen Kupferstich-Cabinet befindliches, von MIGER 1767 gestochenes umfangreiches Blatt stellt das Mausoleum nach dem ursprünglichen Modell des Bildhauers D'HUEZ vor. Während der Revolution durch den Pariser Pöbel geschändet, wurde es nach 1815, so gut es anging, wieder hergestellt.

Das war MAUPERTUIS' beklagenswerthes Ende. VOL-

TAIRE überlebte sein Opfer, wie man mit einigem Rechte sagen kann, noch um fast zwanzig Jahre. Selbst auf MAUPERTUIS' Schmerzenslager hatte er nicht aufgehört, ihn mit wildem Hass zu verfolgen und mit Spott zu überschütten.

SAMUEL KÖNIG war schon 1757, nur fünfundvierzig Jahre alt, gleichfalls nach schweren Leiden, in verhältnissmässigem Dunkel gestorben. Dass VOLTAIRE im Candide mit dem Docteur Pangloss, wie Einige annehmen, KÖNIG gemeint habe, ist ganz unwahrscheinlich, da keine weitere Aehnlichkeit zwischen beiden besteht, als dass KÖNIG LEIBNIZianer war, und dass in Pangloss der LEIBNIZische Optimismus lächerlich gemacht wird.

Fassen wir MAUPERTUIS' geistige Gestalt in Ein Bild zusammen, so ist nicht zweifelhaft, dass er in erster Linie ein bedeutendes physikalisch-mathematisches Talent war. Wir haben oben Hrn. KUMMER's Urtheil über diese Seite seiner Thätigkeit vernommen; sein Antheil an der Lösung einer der grössten dem Menschengeist gestellten Aufgaben, der Bestimmung der Gestalt unseres Wohnplatzes, wird unvergessen bleiben. Seine Thatkraft, seine organisatorische Befähigung, sei's dass es um richtiges Verwenden, um Gliedern und Zusammenhalten seiner nordischen Reisegesellschaft oder um Wiederherstellung und -Belebung dieser Akademie in einem ihm ganz fremden nationalen Mittel sich handelte, verdienen unsere volle Anerkennung. Wenn er dabei dann und wann etwas gebieterisch zu Werke ging, in dem Streit mit KÖNIG unzweifelhaft die richtigen Grenzen überschritt, muss man nicht vergessen, dass er zu seinen Fehlern auch die Tugenden besass. Die Seite MAUPERTUIS', mit welcher man sich wohl am schwersten befreundet, ist das im Vorigen schon öfter gerügte, in zahlreichen grösseren und kleineren Schriften hervortretende, in den leidigen 'Briefen' gipfelnde, hastige Uebergreifen auf Gebiete, für deren Beherrschung er entweder nicht die Vorbildung besass, oder welche überhaupt noch nicht weit genug gediehen waren, um etwas Befriedigendes darüber zu sagen, da denn in beiden Fällen sein Urtheil unzureichend erscheint. Man muss jedoch in Anschlag bringen, was man sich nicht leicht vergegenwärtigt, die gänzliche Unregelmässigkeit seines Bildungsganges, wie er denn auch nie eine Universität besuchte, da seine Baseler Inscription nur BERNOULLI's Privatissimum galt. Ohnehin, wie schon bemerkt, war es die Zeit der Polyhistorie: DESCARTES, LEIBNIZ, VOLTAIRE, DIDEROT, selbst D'ALEMBERT, sie alle waren Polyhistore, und keineswegs alle in allen Stücken untadelhaft. Noch ein Zug MAUPERTUIS' fällt seiner Zeit zur Last, in welcher die Wissenschaft sich erst eben den Fesseln der Theologie entwand: das auch schon im Vorigen erwähnte Streben, wissenschaftlicher Erkenntniss teleologische Gründe unterzuschieben. Sehr merkwürdig ist es in dieser Beziehung, dass, da doch MAUPERTUIS sich zu unverholener Gegnerschaft gegen LEIBNIZ bekennt, die Vermengung mathematischer Begriffe und Gedankenwege mit supernaturalistischen, deren er sich schuldig macht, gerade bei LEIBNIZ ihr Vorbild findet. In der That hat sein aus dem Princip der kleinsten Action geschöpfter Beweis für das Dasein Gottes eine unverkennbare Verwandtschaft mit LEIBNIZens theodiceischem Gedanken, wenn dieser Gott vor Erschaffung der Welt mittels einer Art von isoperimetrischem Calcül, wie man die Variationsrechnung nannte, das transcendente Problem lösen lässt, von den unendlich vielen möglichen Welten diejenige Welt zu bestimmen, für welche das Verhältniss des Guten zum unvermeidlichen Uebe ein Maximum sei. Noch Eins ist hier nicht zu übersehen. Die Mannigfaltigkeit von MAUPERTUIS' geistigen Interessen, welche von dem Dasein Gottes, den Urgründen der Mechanik, besonderen astronomischen Aufgaben, bis zur Theorie der Zeugung, dem Ursprung der Sprache, einem Runensteine, den ganzen Umfang menschlicher Kenntnisse und Einsichten umspannten, während zugleich seine Beherrschung der Form selbst der *Académie française* Genüge that: diese Allseitigkeit seines Wissens und Könnens war es, welche ihn FRIEDRICH, offenbar schon in Rheinsberg, als den geborenen Praesidenten seiner neu zu schaffenden Akademie empfahl, eine Stellung, zu der ein einseitig strenger Forscher sich kaum geeignet hätte. Freilich war es umgekehrt diese von MAUPERTUIS etwas missbrauchte Begabung, welche, indem sie ihn VOLTAIRE's Angriffen blossstellte, Ursache ward, dass er mehr als billig aus dem Andenken der eigentlichen Fachgenossen schwand, und der grösseren Menge nur noch durch die Akakia-Katastrophe bekannt blieb.

Aber gleich als sei er dazu vorherbestimmt gewesen, einen Mittelpunkt litterarischer Aergernisse abzugeben, ist sein eine Zeit lang weniger genannter Name neuerlich in einer Art und Verbindung wieder aufgetaucht, welche für uns von eigenartigem Interesse sind. LAURENT DE LA BEAUMELLE, 1726 zu Valleraugues im Languedoc geboren, war um die Mitte des vorigen Jahrhunderts ein junger, zu grossen Hoffnungen berechtigender Schriftsteller. Aus protestantischer Familie, hatte er zuerst in Genf Theologie studirt, war dann in Dänemark Hauslehrer, gab aber diese Stellung auf, weil ihm als Südländer das nordische Klima nicht behagte. Auf der Rückreise suchte er 1751 in Berlin mit VOLTAIRE, MAUPERTUIS, FORMEY, vielleicht FRIEDRICH selber Verbindungen anzuknüpfen. Unglücklicherweise hatte er aber durch eine der von ihm veröffentlichten *Pensées* VOLTAIRE's Eigenliebe schwer verletzt. Der König, gegen ihn eingenommen, liess ihm sagen, dass er seiner Dienste nicht bedürfe.

Anstatt einer Freundschaft entspann sich nunmehr zwischen ihm und VOLTAIRE eine litterarische Fehde von einer Heftigkeit, wie nur jene Zeit sie gekannt hat. Bis zu LA BEAUMELLE's letztem Hauche führten er und VOLTAIRE einen Krieg auf das Messer, wobei LA BEAUMELLE keineswegs immer den Kürzeren zog. Er war übrigens bei aller Begabung ein unruhiger, leichtsinniger, keinen Schranken sich fügender Kopf, auch begegnete es ihm zweimal, in die Bastille wandern zu müssen, das zweite Mal wegen seiner *Mémoires pour servir à l'Histoire de Madame DE MAINTENON*, in welchen er schon Proben seiner geringen Achtung vor der geschichtlichen Wahrheit gab. Eine natürliche Folge seines Hasses gegen VOLTAIRE war, dass er für MAUPERTUIS Partei ergriff; nach dessen Tode wollte er, wie wir durch FORMEY wissen, sein *Éloge* schreiben, kam aber damit nicht zu Stande, da auf seine Bitte um Material FORMEY ihm ausweichend, MAUPERTUIS' Wittwe aber gar nicht antwortete.[45] Doch hinterliess er bei seinem eigenen früh erfolgten Tode,

1773, ein druckfertiges Manuscript über MAUPERTUIS' Leben.

Dies Werk LA BEAUMELLE's ist erst über achtzig Jahre später von einem seiner Nachkommen, Hrn. MAURICE ANGLIVIEL herausgegeben worden, unter dem Titel: *Vie de MAUPERTUIS par L. ANGLIVIEL DE LA BEAUMELLE, Ouvrage posthume* (Paris 1856). Es enthält eine lebhafte, gut geschriebene Schilderung von MAUPERTUIS' Thaten, Schicksalen und Streitigkeiten, natürlich von den ihm günstigsten Gesichtspunkten aus. Sehr nützlich, ja unentbehrlich wird es in seiner jetzigen Gestalt durch die am Rande jeder Seite fortgeführten Zeitangaben, durch ein chronologisches Verzeichniss von MAUPERTUIS' selbständigen Schriften und zerstreuten Abhandlungen, woran es den Ausgaben seiner gesammelten Werke fehlt, durch ein Verzeichniss der ihm gehaltenen Gedächtnissreden und sonstigen ihn betreffenden Artikel, endlich durch verschiedene andere Notizen, wie über sein Bildniss, die ihm errichteten Denkmäler, u. d. m. Hier findet sich unter Anderem die schon erwähnte Grabschrift von LA CONDAMINE. Unserer obigen Erzählung hat dies Buch vielfach zur Grundlage gedient. Eines Umstandes wegen, der gleich zur Sprache kommen wird, ist es vielleicht nicht unnütz zu betonen, dass die meisten jener Zusätze, wie schon aus den Daten hervorgeht, nicht von dem ursprünglichen Verfasser LA BEAUMELLE, sondern von dem neueren Herausgeber MAURICE ANGLIVIEL herrühren.

Grosses Aufsehen machte nun aber das Buch bei seinem Erscheinen weniger durch seinen eigentlichen Inhalt, als durch einen ihm angehängten bisher unbekannten sehr reichhaltigen Briefwechsel FRIEDRICH's mit

Maupertuis. Es hatte die Herausgeber der Friedericianischen Werke stets Wunder genommen, dass kein solcher Briefwechsel sich hatte auffinden lassen; in der That enthält die akademische Ausgabe nur fünf Briefe vom Könige an Maupertuis, zwei von Maupertuis an den König. Die *Vie de Maupertuis* bringt im Ganzen 176 zwischen Beiden gewechselte Briefe, darunter 87 von Friedrich, zum Theil von grosser Wichtigkeit, ja Schönheit. Diese Briefe zeigen uns Friedrich in geist- und gemüthvoller Unterhaltung mit Maupertuis, der ihm sichtlich näher stand als Voltaire, andererseits Maupertuis in seiner regen Fürsorge für die Akademie, bemüht, wie wir schon sahen, ihr Haller zuzuführen, was ihm nicht gelingt, dann statt seiner Johann Friedrich Meckel, den Stammvater des Anatomengeschlechtes, dem Friedrich Leichen verschaffen muss, ferner den Philosophen und späteren Secretar der Akademie Mérian, endlich jenen Sulzer, der den ersten galvanischen Versuch beschrieb. Auch La Mettrie's Berufung kommt vor, aber, wie schon anderswo bemerkt worden ist,[46] mit nicht recht passenden Daten. Der Briefwechsel beginnt mit einem Briefe Friedrich's noch aus Rheinsberg vom 30. Juni 1738, irrigerweise überschrieben: *Du Roi à Maupertuis.* Letzterer hatte dem Kronprinzen sein Werk: *La figure de la Terre etc.* als Geschenk angekündigt; Friedrich dankt, und offenbar ist dies sein erster Brief an Maupertuis. Der übrigens von La Beaumelle abgeschriebene Briefwechsel bricht schon 1750, vor Voltaire's Ankunft in Potsdam ab. Es fehlen daran neun Briefe des Königs, von denen der jetzige Herausgeber wusste, und Briefe von Maupertuis bis zum Jahre 1752.

Mit je lebhafterem Interesse diese unerwartete Bereicherung der Friedericianischen Correspondenz aufgenommen wurde, um so grösser war die Enttäuschung, als das Jahr darauf in einem Briefe ANGLIVIEL's an die Verleger, welchen diese sofort den noch vorhandenen Exemplaren der *Vie de MAUPERTUIS* einverleibten, die Erklärung folgte, dass es ihm vergönnt worden sei, bei dem bekannten Autogrammensammler FEUILLET DE CONCHES die Originale des Briefwechsels einzusehen, und dass er zu der niederschlagenden Ueberzeugung gelangte: die von LA BEAUMELLE hinterlassenen, seinem Leben MAUPERTUIS' angehängten Briefe FRIEDRICH's seien eine grossartige Fälschung. Ueber die Natur dieser Fälschung erhielten wir bald darauf näheren Aufschluss durch Hrn. SAINTE-BEUVE, der in seinen *Causeries du Lundi* diesem Gegenstand eine eingehende Besprechung widmete.[47] Er hatte gleichfalls Gelegenheit gehabt, FEUILLET DE CONCHES' Autogramme mit LA BEAUMELLE's Texten zu vergleichen, und druckt eine Anzahl von Briefen FRIEDRICH's in der einen und anderen Gestalt einander gegenüber ab. Auch Hr. GUSTAVE DESNOIRESTERRES, der Verfasser der culturgeschichtlichen Studien über VOLTAIRE und die französische Gesellschaft im achtzehnten Jahrhundert, hat seitdem FEUILLET DE CONCHES' Sammlung benutzen können und beschreibt sie als aus zwei starken Bänden bestehend, und die Jahre 1740 bis 1755 umfassend. Die von ihm abgedruckten Stellen aus den Briefen des Königs zeigen unverändert dessen bekanntlich sehr mangelhafte Rechtschreibung.[48]

Die Fälschungen bei LA BEAUMELLE zeugen von unerhörter Schamlosigkeit und hohnlachender Verachtung der geschichtlichen Wahrheit gegenüber einer Person wie FRIEDRICH der Grosse. Er begnügt sich nicht damit, des Königs Rechtschreibung und sein manchmal etwas unbeholfenes Französisch zu verbessern, sondern er verlängert FRIEDRICH's Briefe auf mehr als das Doppelte durch rhetorische Amplification, ergeht sich in freien Phantasien über das von dem König angegebene Thema und legt ihm Ausdrücke, ja Gedanken in den Mund, die ihm völlig fremd sind. Dies Verfahren erscheint um so frecher, als zur Zeit, wo LA BEAUMELLE es übte, FRIEDRICH, welcher ihn um dreizehn Jahre überlebte, noch in voller Kraft zugegen war. In wiefern mit MAUPERTUIS' Briefen ähnliche Freiheiten genommen wurden, erfährt man nicht und ist verhältnissmässig gleichgültig. Die Lebensbeschreibung selber wird unter diesen Umständen nur mit Vorsicht zu benutzen sein. Die bibliographischen und sonstigen Zusätze neueren Ursprungs, von denen oben die Rede war, sind dagegen von jedem solchen Verdacht frei, und verdienen das ihnen von uns geschenkte Vertrauen.

ANGLIVIEL erzählt in dem Schreiben an seine Verleger, dass er vor der Veröffentlichung der *Vie de MAUPERTUIS* einen ansehnlichen Theil der später als gefälscht erkannten Briefe abschriftlich den Herausgebern der Werke FRIEDRICH's des Grossen mitgetheilt und dadurch die Gewissheit erlangt habe, dass die Originale nicht in ihren Händen seien. Von Anerbietungen, die ihm diesseits gemacht worden wären, verlautet nichts. Vielleicht erklärt sich die Kälte, mit welcher anscheinend seine Mittheilung hier aufgenommen wurde, daraus, dass der erste Blick BOECKH und PREUSS belehrte, sie hätten es mit einer Fälschung zu thun. Von den beiden einzigen Briefen FRIEDRICH's nämlich, welche die akademische Ausgabe mit der LA BEAUMELLE'schen Sammlung gemein hat, ist der zweite von ANGLIVIEL, wie es scheint nach hier eingeholter Ermächtigung, aus unserer Sammlung in die LA BEAUMELLE'sche übertragen, und daher mit unserem Texte buchstäblich gleichlautend. Der erste dagegen, jener 1738 noch aus Rheinsberg (Remusberg) an MAUPERTUIS geschriebene Brief, weicht bei LA BEAUMELLE von unserem Texte gerade in der oben geschilderten Art ab, er verhält sich dazu genau wie LA BEAUMELLE's übrige Briefe zu denen bei FEUILLET DE CONCHES. Dazu kommt noch, dass die an unserem Texte angebrachte Verschönerung eine Phrase enthält, die FRIEDRICH nicht geschrieben haben kann. LA BEAUMELLE lässt ihn nämlich sich beklagen; „*Le roi, mon père, m'a élevé dans l'ignorance.*" SAINTE-BEUVE bemerkt sehr richtig zu einer in einem späteren Briefe (LXII) FRIEDRICH von LA BEAUMELLE untergeschobenen Aeusserung über seinen Vater, dass er zu sehr König war, um irgend Jemand merken zu lassen, geschweige schriftlich auszusprechen, er habe Grund sich über seinen Vater zu beschweren. Vollends bei seines Vaters Lebzeiten und in einem ersten Briefe an einen ihm noch ganz fremden Gelehrten hätte FRIEDRICH sich nicht so geäussert.

Seit jenen Vorgängen ist FEUILLET DE CONCHES gestorben. Die nunmehrigen Besitzer seiner Sammlungen haben den fraglichen Briefwechsel dem Königlichen Staatsarchiv zum Kauf angeboten, die desfallsigen Verhandlungen sind aber an der unbegreiflichen Weigerung der Besitzer gescheitert, den Briefwechsel zur vorläufigen

Besichtigung hierher mitzutheilen. Sollten sie hinsichtlich der unverfälschten Authentie auch dieser Briefe ihrer Sache nicht ganz gewiss sein?

Die Zuverlässigkeit der aus Feuillet de Conches' Cabinet hervorgehenden Veröffentlichungen hat nämlich durch die von ihm herausgegebenen Briefe und Documente Ludwig's XVI., Marie Antoinettens und der Madame Elisabeth einen argen Stoss erlitten. Seine wiederholten Besprechungen dieses Werkes schliesst Hr. von Sybel mit folgenden Worten: „Heute wird es nun nicht leicht wieder jemand in den Sinn kommen, ein zweifelhaftes Autograph mit dem Namen des Herrn Feuillet de Conches zu legitimiren. . . . . . Die Planlosigkeit, die Fahrlässigkeit und Urtheilslosigkeit, über die man bei dem Editor wegen der Bedeutung des mitgetheilten Inhaltes hinwegsieht, ist geradezu vernichtend für die Autorität des Autographensammlers: in der Zukunft wird für jedes sonst nicht legitimirte Document seine Herkunft aus dem Cabinet des Hrn. Feuillet nicht eine Gewähr der Aechtheit, sondern eine Aufforderung zur misstrauischsten Prüfung sein."[49] Danach würde es sich im gegenwärtigen Falle also darum handeln, welcher von beiden Texten des Briefwechsels zwischen Friedrich und Maupertuis, der von La Beaumelle oder der von Feuillet de Conches, der verhältnissmässig glaubwürdigere oder minder gefälschte sei.

Mit den von Sainte-Beuve den La Beaumelle'schen Briefen gegenüber gestellten Feuillet'schen vor Augen spricht nun doch eine starke innere Wahrscheinlichkeit für die wenigstens relative Aechtheit der letzteren. Sainte-Beuve malt höchst ergötzlich aus, wie La Beau-

MELLE am Schreibtische sitzt und aus den ächten Friedericianischen Briefen, das sind in SAINTE-BEUVE's Augen die FEUILLET'schen, mit einem kecken Federstrich hier, einer pomphaften Phrase da, seine rednerisch verzierten Stilübungen anfertigt. Dagegen wäre umgekehrt gar nicht zu verstehen, wie ein Fälscher dazu kommen könnte, aus den LA BEAUMELLE'schen Briefen die kürzeren, knapperen, schmucklosen FEUILLET'schen herzustellen. Dass dies geschehen sei, um deren Stil FRIEDRICH's Stil ähnlicher zu machen und dadurch ihren Werth auf dem Autogrammenmarkte zu erhöhen, ist doch kaum anzunehmen.

Unglücklicherweise fehlt es, um hier zu einem sicheren Urtheil zu gelangen, für jetzt an jedem äusseren Anhalt. ANGLIVIEL erzählt zwar sehr umständlich, wenn auch nicht sehr klar, die Schicksale seines Manuscriptes, welches aus Abschriften von LA BEAUMELLE's Hand besteht, aber ohne irgend eine Andeutung über den möglichen Zusammenhang zwischen den Urschriften, welche LA BEAUMELLE vorgelegen haben, und denen in FEUILLET DE CONCHES' Besitz. Er vermeidet auch die Erörterung der für ihn als Nachkommen LA BEAUMELLE's wenig angenehmen Frage, wer der Fälscher gewesen sei, einer Frage, welche nach LA BEAUMELLE's Antecedentien wohl kaum anders beantwortet werden kann, als so wie offenbar SAINTE-BEUVE es thut, der nicht einmal die Möglichkeit erwähnt, dass LA BEAUMELLE schon gefälschte Briefe in gutem Glauben an ihre Aechtheit abgeschrieben habe. Ueber die Herkunft von FEUILLET DE CONCHES' Sammlung fehlt uns jede Nachricht, nicht einmal über die Natur der angeblich Friedericianischen Urschriften werden wir gehörig unterrichtet. DESNOIRESTERRES, welcher die Sammlung in Händen gehabt hat, nennt diese Briefe ohne irgend nähere Angaben *Lettres autographes.* SAINTE-BEUVE spricht stets davon als *Lettres originales,* nur hinsichtlich Eines Briefes geht er weiter. Es ist der dritte Brief FRIEDRICH's bei LA BEAUMELLE, zu MAUPERTUIS' Berufung am 14. Juli 1740 aus Königsberg geschrieben, und von LA BEAUMELLE gröblich gefälscht, wie aus der bei SAINTE-BEUVE abgedruckten FEUILLET'schen Fassung erhellt. Hier sagt SAINTE-BEUVE von FRIEDRICH's Brief ausdrücklich: „*qu'on a de sa main*'.[50]

Der einzige Weg, so viel wie möglich Licht in dies Dunkel zu bringen, würde sein, dass die FEUILLET'sche Sammlung von den hiesigen Sachkennern mit den hiesigen Vorräthen an ächten Autogrammen des Königs aus seinen verschiedenen Lebenszeiten verglichen und auch sonst geprüft würde. Bestände sie siegreich diese Probe, so wäre nicht leicht ein Preis für sie zu hoch, und nach angemessener Drucklegung der richtige und würdige Ort zu ihrer Aufbewahrung das Königlich Preussische Staatsarchiv.

Mit solchem ungelösten Missklang müssen wir leider schliessen. Der Rückblick auf die im Vorigen sich offenbarenden litterarisch-wissenschaftlichen Zustände im achtzehnten Jahrhundert ist kein erfreulicher. Man sieht ein Heer unedler Leidenschaften einen Vernichtungskampf führen, Lüge, Verleumdung, Fälschung im Spiel als Mächte, mit denen Schriftsteller und Gelehrte jener Zeit zu rechnen hatten. Wie wohlthuend ist es, über all der

Trübe Eine Gestalt in makelloser Hoheit sich erheben zu sehen, die des Königs. Ueber den Parteien schwebend weist er VOLTAIRE, trotz der Vergötterung des Dichters in ihm, mit Entrüstung von sich; dem armen MAUPERTUIS, dessen wissenschaftliche Bedeutung er vielleicht auch überschätzt, bleibt er, von seinem Werth als Mensch durchdrungen, wie am ersten Tage treu gesinnt. Mitten in Sorgen des Krieges und des Friedens, die jeden anderen erdrückt hätten, hat er für ihn, und in ihm für die Akademie, stets ein freundliches Gedenken. Um so werther sind uns diese Erinnerungen, als sie uns zurückversetzen in Tage, da diese Akademie mit der Pariser durch MAUPERTUIS gleichsam verschwistert war; da noch kein trauriger Nationalhass ein Volk von uns trennte, das in den Bahnen strenger Forschung wie in Erzeugung der schönen Form uns damals um Menschenalter voraus war, das wir seitdem wohl in manchen Stücken erreicht, in einigen vielleicht sogar überholt haben, auf dessen geistige Grossthaten wir aber nie aufhörten mit freudiger Anerkennung zu blicken.

Anmerkungen.

Die Rede erschien zuerst in den Sitzungsberichten der Akademie, 1892, Hlbbd. I. S. 393 ff., und in den Mathematischen und Naturwissenschaftlichen Mittheilungen, 1892, S. 395 ff., dann in der Deutschen Rundschau, 1892. Bd. LXXIII. S. 343 ff.

---

1 (S. 12). So erzählt BREWSTER den Hergang in seinem Life of Sir ISAAC NEWTON, London 1831. p. 149—155. Er giebt aber 1679 als das Jahr von PICARD's Gradmessung an, wobei es allerdings eher verständlich wäre, dass NEWTON erst 1682 zufällig davon hörte. Da PICARD aber schon 1671 sein Ergebniss bekannt machte (La mesure de la Terre. Paris. Fol.), so ist in der That schwer zu verstehen, ja kaum glaublich, dass es elf Jahre lang NEWTON habe unbekannt bleiben können.

2 (S. 13). (CONDORCET), Éloges des Académiciens ... morts depuis l'an 1666 jusqu'en 1799. Berlin 1799. t. I Éloge de M. DE LA CONDAMINE. p. 242; — vergl. Reden von E. DU BOIS-REYMOND. Erste Folge. VOLTAIRE als Naturforscher. S. 8. 24. 25.

3 (S. 16). Monatsberichte der Akademie. 1865. S. 63. 64.

4 (S. 18). CONDORCET lässt die Expedition auf der Fahrt nach Portobelo nur La Martinique berühren (l. c. p. 247. 248), MONTUCLA nennt nur San Domingo und Cartagena (Histoire des Mathématiques etc. Nouvelle Édition.

t. IV. Achevé . . . par DE LA LANDE. Paris 1802. 4°. p. 148. 149). Die Erklärung findet sich bei LA CONDAMINE selber (Journal du Voyage fait par ordre du Roi, à l'Équateur, etc. Paris 1751. 4°. p. 3. 4). Das Schiff fuhr zuerst nach La Martinique, und von da nach San Domingo. Bei solchen Umwegen begreift es sich eher, dass die Fahrt von La Rochelle nach Portobelo über ein halbes Jahr dauerte.

5 (S. 19). ALFRED MAURY, l'Ancienne Académie des Sciences. Paris 1864. p. 75.

6 (S. 21). Oeuvres complètes de REGNARD avec une Notice . . . de feu M. BEUCHOT etc. Nouvelle Édition. Paris 1854. t. I. p. 47—130.

7 (S. 21). MAUPERTUIS' eigener Bericht über die Lappländische Gradmessung findet sich in dem Discours . . . lu . . . le 13 Novembre 1737 sur la Mesure du Degré du Méridien au Cercle polaire, in: La Figure de la Terre, déterminée par les Observations de MM. DE MAUPERTUIS etc. Paris 1738, auch abgedruckt in den Oeuvres de MAUPERTUIS. Nouvelle Édition. Lyon 1768. t. III. p. 89—175, und von KÖNIG verdeutscht (s. unten Anm. 29). — OUTHIER's Werk heisst: Journal d'un Voyage au Nord. En 1736 et 1737. . . . . Par M. OUTHIER, Prêtre du Diocèse de Besançon etc. A Paris 1744. 4°; — Octavausgabe. Amsterdam 1746. Auf diese beziehen sich die in Anm. 9 und 11 angeführten Seitenzahlen.

8 (S. 22). LEOPOLD VON BUCH, Reise durch Norwegen und Lappland. Berlin 1810. Bd. II. S. 246 ff.; — Gesammelte Schriften. Herausgegeben von J. EWALD, J. ROTH und H. ECK. Bd. II. S. 481 ff. — VON BUCH schreibt wie im Norwegischen *Elv*, und macht das Wort, welches dort *generis communis* ist, im Deutschen zu einem weiblichen. Mit anderen

Autoren folgte ich ihm darin, da ich erst neuerlich von zuständiger Seite erfuhr, dass nach heutigem schwedischem Sprachgebrauch das Richtige vielmehr wäre: *Der 'Torne elf'*.

9 (S. 27). Oeuvres etc. l. c. p. 146. — Es war LE MONNIER, dem Zunge und Lippen an einem silbernen Becher kleben blieben, und MAUPERTUIS selber, dem einige Zehen erfroren (OUTHIER, l. c. p. 214. 215). Bei MAUPERTUIS steht 'doigts', was auch Zehen bedeuten kann.

10 (S. 29). So zeigt ihn nach einem Gemälde von TOURNIÈRE ein Stich von DAULLÉ (1741), unter welchem VOLTAIRE's Quatrain steht, der es damals noch mit MAUPERTUIS hielt:

Ce globe mal connu qu'il a sçu mesurer,
Devient un monument où sa gloire se fonde;
Son sort est de fixer la figure du monde,
De lui plaire, et de l'éclairer.

(Vie de MAUPERTUIS par L. ANGLIVIEL DE LA BEAUMELLE. Paris 1856. p. 470). Dieser Stich hat wohl Hrn. ADOLPH MENZEL's Darstellung in der Prachtausgabe der Werke FRIEDRICH's des Grossen, t. III. p. 29 (Histoire de mon temps), zur Grundlage gedient. Eine minderwerthige Nachbildung desselben Gemäldes in Schabkunst ohne Jahreszahl von J. Jos. HAID in Augsburg ist in meinem Besitz. MAUPERTUIS' Brustbild, im Lappländischen Pelz, von DAULLÉ 1755 gleichfalls nach TOURNIÈRE gestochen, und mit VOLTAIRE's Versen darunter, findet sich als Titelkupfer zu MAUPERTUIS' Oeuvres etc. Nouvelle Édition, Lyon 1756. t. I. Vermuthlich weil der Globus fehlt, heisst es hier statt „Ce globe" in der ersten Zeile „Le Globe".

11 (S. 30). MAUPERTUIS (La Figure de la Terre etc. Paris 1738. p. 169; — Oeuvres etc. Lyon 1768. t. III.

p. 153) und OUTHIER (l. c. p. 317) geben die Temperaturen nach zwei Thermometern an: nach einem von NOLLET nach RÉAUMUR getheilten Quecksilberthermometer, und nach einem Weingeistthermometer von PRINS, in welchem der Gefrierpunkt des Wassers mit 32° bezeichnet war, und von welchem zwei Grade sehr nahe auf einen Grad des NOLLET'schen Thermometers gingen. PRINS, der in POGGENDORFF's Biographisch-litterarischem Handwörterbuche nicht vorkommt, war, wie ich durch Hrn. Dr. GERHARD BERTHOLD in Ronsdorf erfahre, Thermometerfabrikant und FAHRENHEIT's Schwiegersohn. Sein Thermometer war also sicher ein FAHRENHEIT'sches, die Angabe jedoch, dass seine Grade einem halben RÉAUMUR'schen sehr nahe kamen, jedenfalls fehlerhaft, da 9° FAHR. = 4° R. Bei OUTHIER heisst es denn auch, 68° PRINS seien = 18° NOLLET, da doch 68° FAHR = 16° R., und zwar lässt es sich wahrscheinlich machen, dass das NOLLET'sche Thermometer unrichtig war. Der im Text erwähnte Fehler besteht nämlich darin, dass das NOLLET'sche Thermometer — 37° gezeigt haben soll, während in dem PRINS'schen Thermometer der Weingeist gefroren gewesen sei. Das Quecksilber war es also nicht. Es erstarrt aber bei — 32° R., so dass, wenn wir die günstigste Annahme machen, dass der Gefrierpunkt des Quecksilbers ganz nahe erreicht war, da dann 37° des NOLLET'schen Thermometers ganz nahe = 32° R. waren, ein NOLLET'scher Grad nur ungefähr = 0°,865 R. war. Die 18° NOLLET waren dann 15°,570 R., was 67°,0325 FAHR. entspricht, so dass das PRINS'sche Instrument ziemlich richtig gewesen zu sein scheint, nur dass es für den vorliegenden Zweck nicht reichte. Von einem CELSIUS'schen Thermometer, obschon CELSIUS sich bei der Expedition befand, ist nicht die Rede. In der That beschrieb CELSIUS erst fünf Jahre später, 1742, sein Thermometer, an dem übrigens der Siedepunkt mit 0°, der Eispunkt mit 100° bezeichnet war, daher man die Grade unserer hunderttheiligen Scale fälschlich CELSIUS'sche nennt.

12 (S. 31). BRUNNIUS' Schrift heisst: Dissertatio gradualis de urbe Torna eique adjacentibus paroechiis etc. Upsalae 1731. — Durch gütige Vermittelung des Hrn. JOHANNES SCHMIDT sind mir von Hrn. Prof. NOREEN in Upsala und von unserem correspondirenden Mitgliede Hrn. Prof. WIMMER in Kopenhagen ausführliche Nachrichten über den von MAUPERTUIS untersuchten Stein zugegangen, wofür ich den Gebern zum lebhaftesten Danke verpflichtet bin. Das im Texte Gesagte ist diesen Nachrichten entnommen. Soviel Hrn. WIMMER bekannt ist, hat MAUPERTUIS' Beschreibung und Abbildung keine weiteren Aeusserungen in der Litteratur veranlasst, so dass zwischen ihm und dem Runensteine auch keine weiteren Beziehungen zu verzeichnen sind.

13 (S. 33). Der Brief findet sich zum Theil abgedruckt bei DESNOIRESTERRES: VOLTAIRE et FRÉDÉRIC. Paris 1870. p. 286 et suiv.

14 (S. 34). Oeuvres de... BERNARDIN DE SAINT-PIERRE ... par AIMÉ-MARTIN. Paris 1840. p. 485. 486. 487. 507. 508.

15 (S. 35). MAUPERTUIS, Oeuvres etc. Lyon 1768. t. II. p. 406; — t. III. p. 66. — Vergl. DOVE, Ueber Maass und Messen u. s. w. Berlin 1835. S. 7 ff. — BESSEL in POGGENDORFF's Annalen u. s. w. 1842. Bd. LV. S. 529; — Populäre Vorlesungen über wissenschaftliche Gegenstände. Nach dem Tode des Verfassers herausgegeben von SCHUMACHER. Hamburg 1848. S. 269 ff. — Ueber die Gradmessungen überhaupt s. POGGENDORFF's Geschichte der Physik. Vorlesungen u. s. w. Leipzig 1879. S. 754 ff.

16 (S. 36). Vie privée de VOLTAIRE et de Mde. DU CHÂTELET, pendant un séjour de six mois à Cirey; par l'Auteur des Lettres péruviennes (Mde. DE GRAFIGNY). Paris 1820. p. 198. 202.

17 (S. 36). Reden von E. DU BOIS-REYMOND. Erste Folge. Berlin 1886. VOLTAIRE als Naturforscher. S. 25. Anm. 15.

18 (S. 38). „Qui . . . naves bellico-mercatorias strenue duxerat" heisst es sogar in der oben S. 60 erwähnten Grabschrift MAUPERTUIS', welche auch seines Vaters gedenkt.

19 (S. 40). Reden u. s. w. A. a. O. LA METTRIE. S. 183.

20 (S. 40). Reden u. s. w. Zweite Folge. Berlin 1887. Die Berliner Französische Colonie in der Akademie der Wissenschaften. S. 510 ff.

21 (S. 41). Histoire de l'Académie Royale des Sciences et Belles Lettres. Année 1759. Berlin 1766. 4°. Éloge de M. DE MAUPERTUIS. p. 464 et suiv.

22 (S. 42). Histoire de l'Académie . . . depuis son origine jusqu'à présent. Berlin 1752. 4°. p. 118.

23 (S. 43). DESNOIRESTERRES: VOLTAIRE à Cirey. 2me Édition. Paris 1871. p. 53.

24 (S. 44). FORMEY, Éloge de M. DE MAUPERTUIS. l. c. p. 506; — derselbe, Souvenirs d'un Citoyen. Berlin 1789. t. I. p. 215.

25 (S. 45). FORMEY, Souvenirs etc. l. c. p. 217—220.

26 (S. 47). Unter diesem Titel erschienen 1753 in Hamburg zusammengebundene Convolute der Streitschriften für und wider MAUPERTUIS, mit einer Vignette, welche MAUPERTUIS als Don Quixote gegen Windmühlen kämpfend vorstellt. Sie wurden auch in's Deutsche übersetzt als: Vollständige Sammlung aller Streitschriften u. s. w. Leipzig, Breitkopf, 1753.

27 (S. 48). Leibnizens mathematische Schriften herausgegeben von C. I. Gerhardt. 2. Abth. Bd. II. Halle 1860. S. 215 ff.

28 (S. 50). Sitzungsberichte. 1890. 2. Hlbbd. S. 757. 758; — E. du Bois-Reymond, Naturwissenschaft und bildende Kunst. Leipzig, Veit & Comp. 1891. S. 15.

29 (S. 51). Figur der Erden bestimmet durch die Beobachtungen der Herren von Maupertuis u. s. w. Auf Ordre des Königs beym Polar-Zirkel angestellet. Durch Hrn. von Maupertuis. Aus dem Französischen übersetzt u. s. w. Zürich bey Heidegger und Compagnie. 1741. — Das Buch ist durch einen wunderlichen Fehler „Dem . . . König Friederich dem III. König in Preussen, und Churfürst in Brandenburg u. s. w." gewidmet, womit Friedrich II. gemeint ist. Eine zweite Auflage erschien 1761.

30 (S. 52). Geschichte des Princips der kleinsten Action. Akademische Antrittsvorlesung. Leipzig, Veit & Comp. 1877.

31 (S. 53). von Helmholtz, zur Geschichte des Princips der kleinsten Action. Sitzungsberichte, 1887. 1. Hlbbd. S. 225; — Das Princip der kleinsten Wirkung in der Elektrodynamik. Ebenda 1892. 1. Hlbbd. S. 459.

32 (S. 54). Geschichte der Mathematik und der Naturwissenschaften in bernischen Landen u. s. w. Bern und Basel 1889. 3. Heft. 1. Abth. S. 41—43; — Auch in Hrn. Graf's Festschrift zum Jubiläum des Basler Gymnasiums: „Der Mathematiker Johann Samuel König und das Princip der kleinsten Action." — Vergl. darüber vier Feuilletons in den Nummern 17. 18. 20. 21 der Berner Zeitung vom Januar 1890, deren letztes einen bisher unbekannten Brief Maupertuis' an die Berner Herren vom

14. April 1753 bringt, mit welchem er eine Sendung seiner eigenen und ihm günstiger Schriften Anderer in der KÖNIGschen Streitsache begleitete. In Hrn. GRAF's Aufsätzen und in Hrn. Dr. RUDOLF WOLF's Biographien zur Kulturgeschichte der Schweiz. II. Cyclus. Zürich 1859. S. 147 182 findet man ausführliche Nachrichten über KÖNIG mit besonderer Berücksichtigung seines Streites mit MAUPERTUIS.

33 (S. 55). Vergl. über letzteren Punkt Hrn. GERHARDT's Urtheil in LEIBNIZens mathematischen Schriften u. s. w. 1. Abth. Bd. IV. Halle 1859. S. 258.

34 (S. 56). Ebenda, S. 83—204.

35 (S. 58). Der gegenwärtige Abdruck weicht an dieser Stelle von dem Urdruck in den Sitzungsberichten wesentlich ab, wo ich die Vermuthung aufstellte, dass RASPE dem SAMUEL HENZI LEIBNIZische Briefe aus der Hannoverschen Bibliothek verkauft habe. Hr. Dr. BERTHOLD machte mich auf die jetzt hier hervorgehobenen Umstände aufmerksam, aus denen sich die Unmöglichkeit dieser Annahme ergiebt. Ich wusste nicht, dass RASPE neben seinen Aemtern und seiner litterarischen Thätigkeit auch Mineralog war, und versäumte deshalb den ihm als solchem gewidmeten Artikel in POGGENDORFF's Handwörterbuch aufzuschlagen.

36 (S. 60). Man findet diese Streitschrift unter dem Titel: Réponse de l'Académicien de Paris à l'Académicien de Berlin. Londres 1753, in den Maupertuisiana, auch deutsch als: Antwort des parisischen Akademisten, an den Akademisten zu Berlin, in der Leipziger Sammlung (S. oben Anm. 26).

37 (S. 60). Oeuvres de VOLTAIRE .... par M. BEUCHOT. t. LVI. Paris 1832. p. 181.

38 (S. 61). Oeuvres etc. t. XXXIX. Paris 1830.

p. 472—513. — Hier findet sich unter dem Titel: 'Histoire du Docteur Akakia et du Natif de Saint-Malo' die vollständige Reihe der Akakia-Spöttereien.

39 (S. 62). Sitzungsberichte, 1884. 1. Hlbbd. S. 393. — E. GERDES, Versuche über paralytischen Blödsinn bei Hunden. Inaug.-Diss. Berlin 1891. — Ueber die Heilversuche an Irren mittels der Centrifuge, deren Kenntniss ich Hrn. Prof. MENDEL verdanke, vergl. PETER JOS. SCHNEIDER, Entwurf zu einer Heilmittellehre gegen psychische Krankheiten oder Heilmittel in Beziehung auf psychische Krankheitsformen u. s. w. Tübingen 1824. S. 96 ff.

40 (S. 65) Dies ist THIÉBAUT's mehr dramatische Erzählung (Souvenirs de vingt ans de séjour à Berlin, ou FRÉDÉRIC le Grand etc. Paris 1804 t. V. p. 261 et suiv.). Nach FORMEY (Souvenirs etc. t. I. p. 270) lässt VOLTAIRE den 'Akakia' betrügerischerweise in Potsdam drucken, und bringt dem König ein Exemplar, der es zwar gnädig aufnimmt, aber auf das Bestimmteste verlangt, dass die Auflage vernichtet werde, so dass Niemand je etwas davon zu sehen bekomme. Zur Stunde schickt VOLTAIRE ein Exemplar nach Leiden, wo eine reichliche Auflage besorgt wird, die natürlich nicht die einzige bleibt. In Paris wurden angeblich an einem Tage sechstausend Exemplare verkauft. Es sähe VOLTAIRE ähnlich, wenn er selber die erste Lesart in Umlauf gesetzt hätte.

41 (S. 65). Bei PREUSS (Oeuvres de FRÉDÉRIC le Grand. t. XIV. 1850. p. 170) steht Taubenstr. 20. Nach Ermittelungen, die der Polizei-Praesident von Berlin, Hr. Freiherr VON RICHTHOFEN, auf meine Bitte die grosse Güte hatte anstellen zu lassen, entsprach aber das FRANCHEVILLE-sche Haus Mittelstr. 20 (so hiess damals die Taubenstrasse,

wie auch der Gensdarmenmarkt Mittelmarkt hiess) dei heutigen No. 30 der Taubenstrasse.

42 (S. 66) Denkwürdigkeiten und vermischte Schriften. Bd. VIII. Leipzig 1859. S. 173—284.

43 (S. 66). Histoire des Mathématiques. t. III. Paris 1802. 4°. p. 650.

44 (S. 69). Ueber „MAUPERTUIS' Lebensende" haben wir erst seit Kurzem im Basler Jahrbuch 1890 durch Hrn. Prof. FR. BURCKHARDT in Basel ausführliche und zuverlässige Nachrichten aus Papieren erhalten, welche ihm von einem Urenkel JOHANN BERNOULLI's II. übergeben wurden.

45 (S. 73). Souvenirs d'un Citoyen. t. II. p. 222. 229.

46 (S. 75). Reden u. s. w. A. a. O. LA METTRIE. S. 207.

47 (S. 76). L. c. t. XIV. p. 86 (16 Octobre 1857).

48 (S. 76). VOLTAIRE et FRÉDÉRIC. Paris 1870. p. 338. Note 3. p. 340. 370. 374.

49 (S. 79) Historische Zeitschrift. Bd. XVI. München 1866. S. 408. — Vergl. ebenda Bd. XIII. 1865. S. 164; — Bd. XIV. 1865. S. 319.

50 (S. 81) L. c. p. 95.

Druck von Metzger & Wittig in Leipzig.

FSC
www.fsc.org
MIX
Papier | Fördert
gute Waldnutzung
FSC® C083411

Zeitfracht Medien GmbH
Ferdinand-Jühlke-Straße 7
99095 Erfurt, Deutschland
produktsicherheit@kolibri360.de